天才密码 STEAM之创意编程思维系列丛书

STEAM之 创意编程思维
Scratch 精英版

居晓波 周 明 王 琪 潘艳东 著

◆通过对国内外儿童和青少年创造力课程的专项研究，运用美国麻省理工学院多媒体实验室为青少年和儿童设计的Scratch编程软件，将场景导入、游戏方式运用于学习，能够帮助学生进行有效的创意表达和数字化呈现，卓越地激发孩子们的想象力和创造力。

◆Scratch是可视化积木拼搭设计方式的编程软件，天才密码STEAM之创意编程思维系列丛书不是让孩子们学会一连串的代码，而是在整个学习体验过程中，孩子们逐步学会自己思考并实现自己的想法和设计。

◆所有的编程作品都可以运用于实际生活，我们鼓励每一个孩子都能够通过自己的想象、思考、判断和创造，解决生活中可能遇到的各种问题。

复旦大学 出版社

内容提要

    Scratch 是美国麻省理工学院多媒体实验室为青少年设计的可视化积木拼搭设计方式的编程软件，帮助学生进行有效的信息化表达和数字化创作。本书是"天才密码 STEAM 之创意编程思维系列丛书"中的一本，适合于 8 岁及以上的青少年。本书将 Scratch 编程灵活地结合 STEAM 各个领域的内容，与科学、技术、工程、艺术、数学等领域的学习活动相融合，开展多元化跨学科的科艺创作，学生通过参加高端的现代科艺活动，发展创新思维、提高实践能力。学生在开放、愉快的氛围里合作开展 Scratch 创意设计活动，在实践、合作、分享的过程中，对新事物共同进行探索和尝试，强化理性思维和感性思维的综合发展。

序言

　　2016 年我国创新能力世界排名已经从 15 年前的第 28 位提升至第 18 名（源自人民网 2016 年 2 月 16 日的数据），这无疑是我国众多教育工作者、科技创新实践者一起共同实践努力的结果。与此同时，我们必须清楚地意识到与世界发达国家间的差距。如何进一步提升我国的创新能力，尤其是青少年一代的创新能力培养，是每一个教育和科技工作者必须思考的问题。STEAM 之创意编程思维系列丛书的编写，正是为了实现从编程思维视角来培养和提升青少年创新能力的目的。

　　这套丛书通过 Scratch 的编程思维学习，进行创意作品的设计和表达。其学习内容颠覆了枯燥乏味的代码性的传统编程语言学习，采取了生动有趣的方式进行教学活动设计，有益于青少年跨学科的融合性学习，有助于提升学生们知识和技能的迁移能力。学习者将在编程学习过程中不断深化理解各模块的技能内涵，逐渐学会分解问题、关注本质，并逐步形成编程思维，同时激发自身潜在的创造力。

　　这套丛书将创意编程思维融合到科学（Science）、技术 (Technology)、工程 (Engineering)、艺术 (Art)、数学 (Mathematics) 等学科，体现各学科融会贯通、交叉统一、系统思考的思想，以期对学生的设计、数学、逻辑、抽象等多种思维能力进行综合性培养。

　　学习者将通过书中 STEAM 创新教育的活动项目体验，感受到 Scratch 创意编程思维的魅力和艺术性，激发探索兴趣，体会科艺创作的乐趣。书中也特别融入以环保为主题的相关创意作品，结合环保的相关知识，学习者在创作过程中能够逐步形成绿色环保的可持续发展理念。与此同时，学习者在学习过程中通过不断对程序进行优化和完善，了解创作过程是迭代和渐进的，从而逐步培养观察问题和解决问题的能力，并通过想象、思考、判断和创造来解决生活中遇到的实际问题，提升跨学科解决问题的能力，提高自身的综合素养。

此外，这套丛书还将游戏化的方式运用到教学之中，使教学过程更加生动、形象、有趣，不仅能大大激发学习者的兴趣，而且也有利于激发他们的想象力和创造力。在学习活动过程中，还将要求学习者学会利用编程思维和多学科知识去创作属于自己的个性化作品，展示自己的各项思维能力、解决问题的能力，以及将 STEAM 各学科内容融会贯通的能力。另外，教学过程强调学习者在创编活动中开展团队协作学习，从而不断提升协作、沟通、表达和领导能力等，为终身发展奠定坚实的基础。

　　让我们共同关注、打造、实践 STEAM 教育，使我国的创新教育充满灵气、生气和活力。相信不久的将来我国创新人才的培养一定会走在世界前列！

华东师范大学现代教育技术研究所所长

教授、博士生导师　　张际平

2017 年 3 月

前　言

　　我国大力实施科教兴国、人才强国战略，注重建设创新型社会和国家创新体系。教育部门将培养学生的创新能力作为关键问题，要求"学生通过实践，增强探究和创新意识，学习科学研究的方法，发展综合运用知识的能力"，明确指出教学要拓宽学生的视野，给予学生自由发挥和展现才华的舞台，培养学生的创新意识和实践能力。

　　Scratch 是美国麻省理工学院媒体实验室专门为青少年设计的编程软件，通过可视化积木拼搭的程序设计方式，使学生不必拘泥于算法、语法的束缚，帮助学生进行有效的信息化表达和数字化创作。使用者不必记忆语法、代码，学习编程的难度降低，使编程变得更加轻松、便捷、有趣。

　　本书设计的 Scratch 可视化趣味编程活动中，将程序创意设计与 STEAM 相结合，在科学(Science)、技术(Technology)、工程(Engineering)、艺术(Art)、数学(Mathematics)等领域进行个性化、富有想象力和创造力的创意设计。孩子们轻松快乐地创作动画、多媒体故事、游戏等，对新事物共同进行探索和尝试，强化思维训练，开展多元化的跨学科学习实践活动。学生在发现、表达、解释和解决多种情境下的综合问题时进行分析和推断，有效地交流思想，从生活中挖掘创造力的来源，想象建模。在项目实践的过程中，学生多领域进行创新探索，创作完成具有个性的酷玩作品。学生探索多种方法解决问题，在玩中学，在学中玩，增加学习过程的乐趣，激励产生更大的学习成就感。运用 Scratch 编制创意作品，有益于学生进行跨学科综合性学习，有助于提升知识和技能的迁移能力，在更广范围内开展创造性的学习。

　　本书与笔者的教育研究和教学实践相结合，设计了多元化跨学科的可视化编程学习活动。周明、王琪、潘艳东三位老师也参与了本书的编写，对于他们的努力与支持在此表示诚挚的谢意！

居晓波

2017 年 2 月

目录

第1课　Scratch初体验

学习目标

1. 了解Scratch软件及程序界面。

2. 尝试使用Scratch制作第一个作品，了解Scratch编程的特点。

3. 理解创建和编辑角色的方法。

一、初识Scratch

Scratch是美国麻省理工学院（MIT）开发的一款适合青少年使用的编程软件，使用它可以学习计算机编程，与他人一起分享自己创作的互动故事、动画、游戏等作品。

Scratch倡导"想象-编程-分享"（Imagine-Program-Share），凭借其易用性和强大的编程环境，可以令使用者充分发挥想象力和创新力。学生通过分享作品、改编再创作、评论交流等多种互动方式，产生新颖的思想，在观念上勇于并乐于打破僵化的思维定势，积极主动地探索和尝试新的路径，从而提升其克服困难的意愿和韧性，逐步增强自信，提高创新技能。

可以在Scratch官方网站http://scratch.mit.edu上注册账号，除了在网络浏览器中使用Scratch2.0在线版本，还可以在网站上的支持栏目里点击"离线编辑器"，进入下载Scratch2.0离线版的页面，来下载Scratch2.0离线版。

二、了解Scratch

Scratch是美国麻省理工学院媒体实验室专门为青少年设计的编程软件，可视化积木拼搭的程序设计方式，使学生不必拘泥于算法、语法的束缚，帮助学生进行有效的信息化表达和数字化创作。模块中的指令如同积木一样可以拼搭起来，可以用来设计充满创造力的作品，如右图所示。

Scratch是一款内涵丰富的思考工具、编程工具和表达工具，美国麻省理工学院创设了"教程+学习卡片+论坛"相结合的学习互动环境，提炼了建造主义的知识建构过程，提出通过"想象—创造—游戏—分享—反思"来培养创造性思维。

Scratch这款可视化编程工具向使用者提供了一个发挥想象、创建程序的环境，是基于模块的编程方法，采用图形化编程界面。使用C、Java等基于文本代码的编程语言时，编写代码需要严格遵从语法规则，而Scratch运用积木组合式的程序语言，更为直观和易于理解，使用者不必记忆语法、代码，学习编程的难度降低，让编程变得更加轻松、便捷、有趣。左下图是常见的基于文本代码的程序片段，右下图就是Scratch编写的一段程序。

```
Dim x As Double, p As Double
x = InputBox(x)
If x <= 10 Then
  p = x * 0.35
Else
  p = 10 * 0.35 + (x - 10) * 0.7
End If
Print p
```

当 ▶ 被点击
将 颜色 ▼ 特效设定为 0
重复执行
    将 颜色 ▼ 特效增加 25
    将 旋转 ▼ 特效增加 25
    向右旋转 ↻ 15 度

三、体验Scratch编程

情景 用Scratch编写我们的第一个程序吧！让Scratch小猫来和大家打声招呼之后再做个动作吧！

(一) 学一学

1. 认识Scratch2.0窗口

Scratch2.0软件的程序窗口主要由菜单栏、工具栏、舞台区、指令区、脚本区、角色列表区组成，其中指令区由10类模块组成。其界面如右图所示。

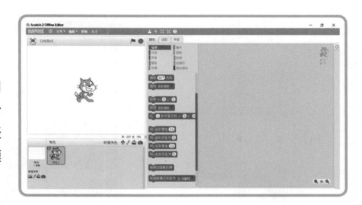

2. 角色

Scratch程序中的角色由专属于自己的3个部分组成：

脚本(Scripts)   使用指令积木块卡合的编程方式，用来控制角色行为。

造型(Costumes)   展现角色外观的图像，一个角色可以有多个造型。

声音(Sounds)   在程序执行过程中可以播放声音，使作品更生动有趣。

3. 舞台

舞台是角色活动的场所，可以把舞台看成一个坐标系，宽度是480步长，高度是360步长，中心点是x=0和y=0。在舞台区的右下方显示了鼠标在舞台上的当前坐标（x，y），如右图所示。

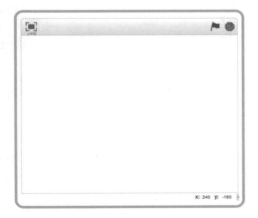

4. 指令

　　Scratch编程窗口的"指令区"，默认显示的是"脚本"标签页。Scratch将指令分为10种类型，如下图所示。单击每个模块的名称，会显示该模块中包含的指令，指令中的参数可以根据需要进行设置和修改。

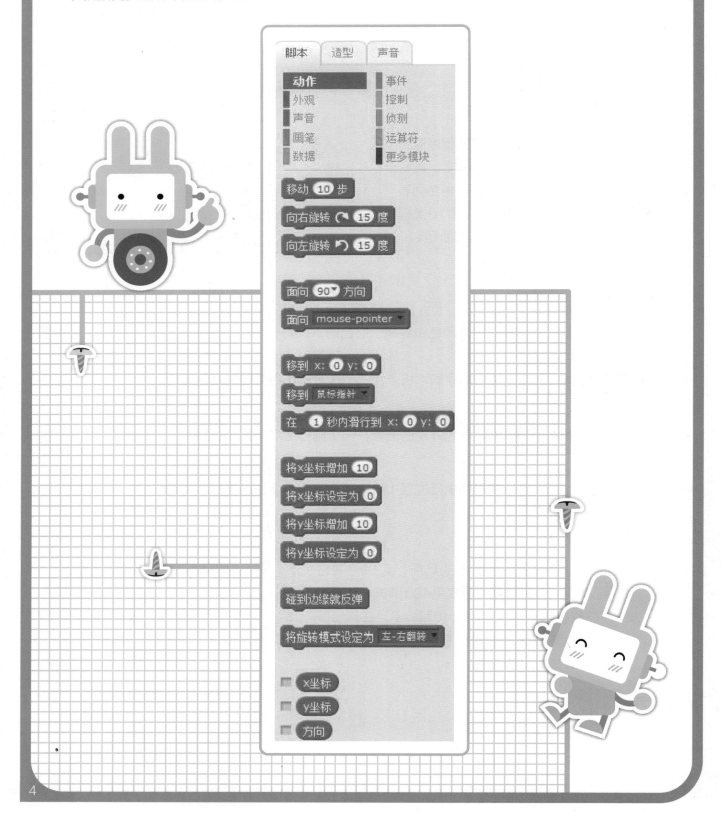

(二) 做一做

1. 设计角色

Scratch软件新建一个项目，角色列表中会自动默认出现一个小猫角色，可以根据需要删除和新建角色。

2. 编写脚本

在指令区和脚本区点击指令，可以直接执行这个指令或这段程序脚本。编制一段程序脚本，一般会使用多个指令组合，将需要使用的指令拖动到脚本区，搭建和卡合在一起来编制脚本。

首先，在"外观"模块里找到指令：

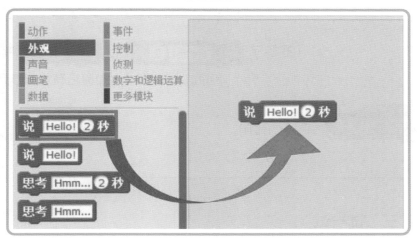

同学们能尝试着辨别这4个指令的区别吗？它们分别适合在什么情景使用？

| 说 Hello! 2 秒 | 说 Hello! | 思考 Hmm... 2 秒 | 思考 Hmm... |

这4个指令的区别：

_____

它们分别适合使用的情景：

_____

除了 说 Hello! 2 秒 指令，还需要用到什么指令来实现你的程序？

单击"动作"模块，这时下面会显示一组与动作相关的指令，我们选择 移动 10 步 指令，并用鼠标将它拖动到脚本区域。如果指令积木拖动到脚本区时，出现白色高亮提示，说明当前的指令积木块能够与其他指令积木有效地拼搭在一起，如右图所示。

（1）除了"动作"模块，其他模块里还有哪些有意思的指令？将你认为最有趣的指令填写在下面的表格中。

所属模块	指令名称	可以实现的功能

（2）除了 说 Hello! 2 秒 和 移动 10 步 指令以外，完整地编制程序可能还会用到下面这个指令。你知道它有什么作用吗？

 指令的作用：

_____

（三）试一试

1. 测试程序

测试程序是Scratch编程很重要的一个环节。在测试过程中同学们发现了程序有什么问题吗？可以与同伴一起讨论和交流。

发现的问题	解决问题的方法
_____	_____
_____	_____

2. 改进与优化

游戏的创作过程是一个不断迭代、逐步完善的过程，通过分享和交流，你发现到自己的不足了吗？你想从哪些方面进行改进呢？

能不能让小猫和大家打招呼的时候说出有个性的语言、做出有个性的动作呢？如何实现？

例如，下列这组指令可以让小猫和大家打招呼来共度接下来的学习时光，并做出不一样的动作，如下图所示。

从角色库中添加新角色

Scratch程序里的角色除了默认的小猫，还可以添加多个角色，让我们为小猫增添几个小伙伴吧！

Scratch提供以下这些新建角色的方式：从角色库中选取角色、绘制新角色、从本地文件中上传角色、拍摄照片当作角色，如左图所示。我们可以先单击"角色列表区"右上角的"从角色库中选取角色" 按钮，打开"角色库"，从中选择添加合适的角色。

同学们浏览角色库中的角色，熟悉一下角色库的分类，如下图所示。

尝试添加名为"Elephant"的角色，它属于_____分类；在"角色库"中，你最喜欢_____角色，请把这个你最喜欢的角色也添加到舞台上。

改变角色属性

用鼠标拖动"舞台区"中的角色，可以改变它们的位置。

单击"工具栏"上的按钮，然后再单击角色，可以复制、删除、放大和缩小角色。

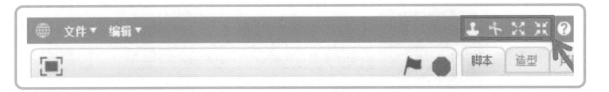

可以使用删除按钮  或鼠标右键单击需要删除的角色，在快捷菜单中选择"删除"，如右图所示。

（1）尝试复制、删除刚才自己添加的那个角色；

（2）调整小猫的大小，并将各个角色摆放到舞台合适的位置。

3. 保存Scratch程序

单击Scratch编程窗口菜单栏中的"文件"→"保存"选项，如下图所示。在打开的对话框中选择保存的位置、输入程序文件的名称，就可以把Scratch作品文件保存下来啦！

程序文件的名称建议要有一定意义，这样既便于记忆，也容易在日益增多的程序文件中快速查找到目标文件。

第2课　炫动风车

学习目标

1 合理运用绘图编辑器绘制角色。

2 应用外观模块中的特效指令设置角色的旋转、变形等效果。

3 尝试Scratch循环控制指令的使用方法。

4 通过对程序的逐步优化，逐步发展观察问题和解决问题的能力。

一、创设活动情境

　　同学们，你们在生活中看到过旋转的风车吗？当风吹过风车的时候，风车会自由地旋转起来。这节课我们就一起用Scratch来制作一个旋转的风车。

二、想象与分析

1. 试玩体验

　　打开Scratch程序文件（炫动风车.sb2），点击 ，运行程序，观察一下风车的效果。

2. 分析作品

（1）请同学们用语言描述风车旋转的实现过程：

_____

_____

（2）如何在Scratch中绘制风车？
如何让风车不停地旋转？

三、创作与调试

（一）学一学

1. 绘制角色

在Scratch中提供了简单的绘制角色工具，通过角色编辑工具，可以创建简单的图形。要创建角色，可以按以下步骤操作。

① 单击角色列表右上角的"绘制新角色"图标，创建一个新的角色。

② 新建角色后，即出现如右图所示的角色绘制的界面。通过选择合适的工具，绘制自己想要呈现的图形。也可以通过页面上方的"添加"、"导入"按钮，新增外部现有的图形到当前角色造型中。

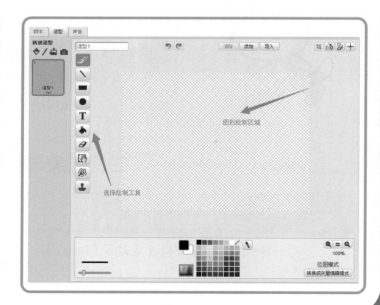

3 在Scratch中还提供了矢量图形的编辑方式，通过单击上图右下角的"转换成矢量编辑模式"按钮，进入矢量图编辑模式，如右图所示。

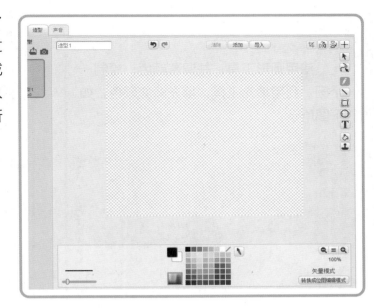

（1）Scratch提供了几种图形编辑模式？

（2）体验一下，相关的图形编辑模式有什么区别？

（3）试用一下提供的 绘图工具，它有哪些功能？怎么使用这些功能呢？

请同学们试着在绘图工具中绘制一个风车。

在新绘制的界面里，点击右下角的"转换成矢量编辑模式"按钮，切换到矢量图绘制。Scratch提供了多种矢量图绘制工具，如右图所示。

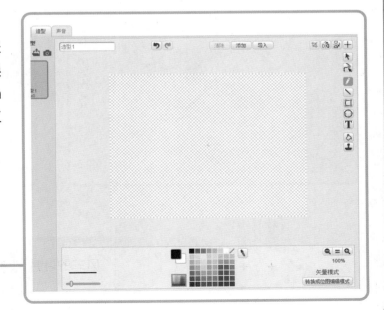

1

使用圆形工具，并调整颜色，绘制一个圆。利用填充工具，填充渐变颜色，如下图所示。

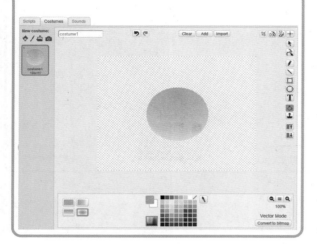

2

使用外形调整工具，调整圆的外形，使其看起来像叶片，如下图所示。

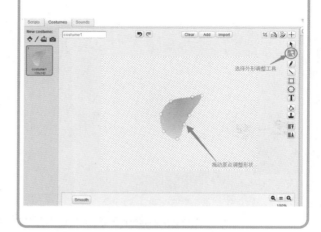

3

使用图形选择工具来调整图形，角色旋转是绕着中心点旋转的，如下图所示。

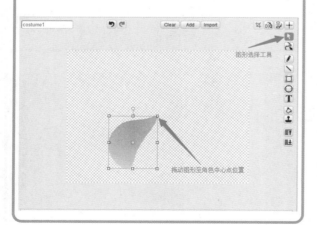

4

选中图形，使用快捷键【Ctrl+C】、【Ctrl+V】或者使用 按钮，完成复制粘贴图形，并进行旋转、调整位置，完成风车叶片的制作，如下图所示。

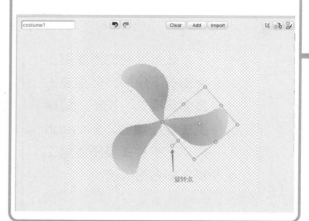

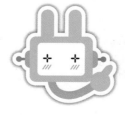

风车的叶片制作完成了！

2. 控制模块：重复执行

一般的程序设计语言，都提供"循环"执行功能。其功能是在循环的模块中，程序进行重复执行。在Scratch中提供了几种重复执行的功能，要使用重复执行功能，可以按照以下步骤操作。

单击选项卡"控制"模块，如右图所示，选择需要使用的重复执行功能。

 有次数限制的重复执行，默认重复执行程序10次。

重复执行 无限制重复执行，程序一旦进入这个模块，就不断地进行重复执行，直到程序终止。

重复执行直到 有条件重复执行，即在条件不满足的情况下，重复执行程序。

需要重复执行的程序，放在以上3个程序块的内部，如下图所示。

请同学们试着使用重复执行程序，编写一个小应用。

想一想

（1）重复执行的作用是什么?

（2）在什么情况下需要用到重复执行功能?

3. 外观模块：设置特效

在Scratch中提供了一些对角色外观控制的指令。使用角色的外观控制，可以按照以下步骤操作。

 点击选项卡"外观"模块，如下图所示，选择需要的外观控制指令。

 在"外观"模块中，提供了控制角色外观的多种功能，如下图所示。

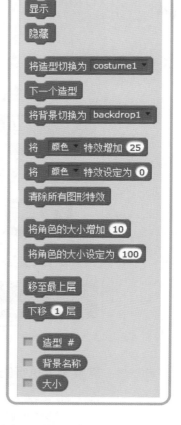

如果要制作一个炫动风车，可以使用哪些外观控制功能呢？使用改变特效的功能，会带来不小的惊喜，一起来尝试一下吧！

（二）做一做

1. 创建角色 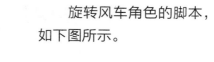 2. 设计脚本

删除小猫角色，如下图所示。

添加一个新角色，使用绘制新角色绘制一个风车，如下图所示。

旋转风车角色的脚本，如下图所示。

（三）试一试

1. 测试程序

测试一下程序，风车动起来了吗？回答下面的问题。

自己测试时发现的问题	要控制风车的速度，可以怎么做	让风车"炫动"起来，可以怎么做
_____ _____ _____	_____ _____	_____ _____

2. 改进优化

风车"炫动"了吗？请加入对风车外观控制的程序，让风车炫动起来。通过分享和交流，你发现自己的不足了吗？你想从哪些方面进行改进呢？

不足：_____

改进：_____

提示　　有些同学是这样改进的，增加了对风车的外观特效的变化控制，如右图所示。

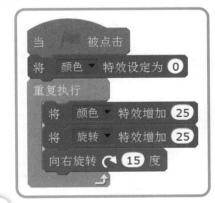

四、拓展

探究：

想一想，如何通过外部的按钮控制风车的旋转和停止？如何控制风车的运转速度？

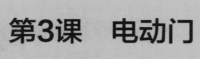

第3课 电动门

学习目标

1 掌握使用"将背景切换为……"、"下一个背景"等指令来切换舞台场景。

2 理解使用侦测模块中"按键……是否按下"等指令作为判断条件。

3 合理运用控制模块中"如果……那么……"、"等待……秒"来控制角色。

6 通过程序的优化和改进，能够发现问题、分析问题，并能解决简单的问题。

5 使用思维导图来作为活动项目的图像式思考辅助工具。

4 理解并使用"重复执行"、"重复执行……次"等指令来实现循环结构。

一、创设活动情境

小猫出门逛一逛，来到一扇电动门前，我们的Scratch小猫第一次看到电动门，觉得很好奇。设计一个Scratch作品来模拟控制电动门的开启和闭合吧！

二、想象与分析

1. 试玩体验

想象一下，来到如右图所示的电动门前，我们如何启动它？电动门的开合会有哪些状态变化？

2. 分析作品

我们使用思维导图来作为活动项目的图像式思考辅助工具，根据下面的思维导图，分析在Scratch中如何创编"电动门"作品。

如何启动电动门　门开合过程中有哪些造型

电动门　门开合运动中状态如何变化

三、创作与调试

（一）学一学

1. 侦测模块：按键……是否按下

以背景为对象的侦测模块如左图所示。

使用"按键……是否按下"指令，可以侦测相应的按键是否被按下。例如，空格键是否被按下。

点击默认的空格键旁的黑色小三角，可以选择设置相应的按键，如右图所示。

2. 控制模块：如果……，那么……

以背景为对象的控制模块中有以下指令，如下图所示。

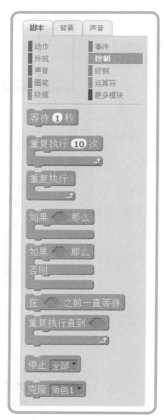

可以用来实现"当如果之后的条件为真时"，执行积木块内嵌入的脚本。

如果 按键 空格键 是否按下？ 那么

来拼搭一下指令积木块，如果按下空格键，那么……

3. 外观模块：将背景切换为……

选中背景为对象后，在脚本标签的外观模块中有以下指令，如左下图所示。

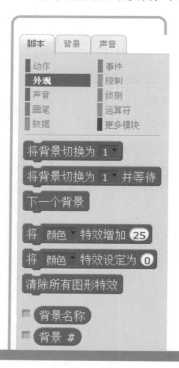

思考并实验以下脚本的功能

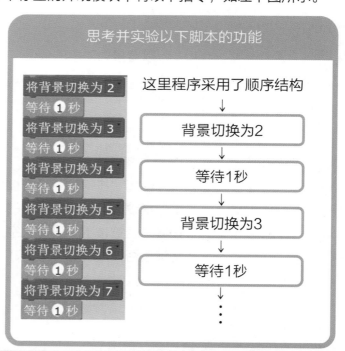

这里程序采用了顺序结构
↓
背景切换为2
↓
等待1秒
↓
背景切换为3
↓
等待1秒
⋮

（二）做一做

1. 上传背景

导入舞台背景，如下图所示。

从本地文件中上传背景 ，可以上传背景图片，如下图所示。

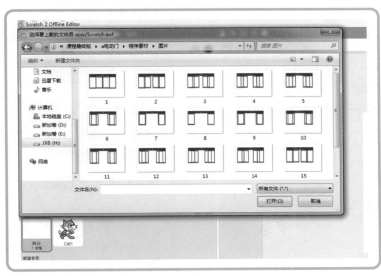

从本地文件中上传背景，上传多个背景造型，如下图所示。

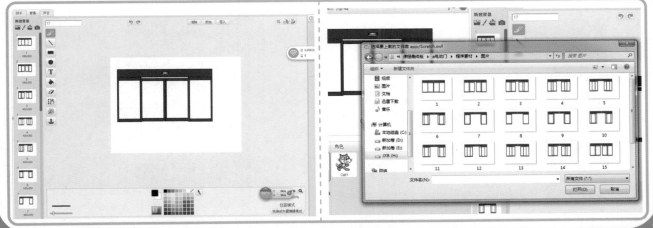

2. 设计脚本

 角色脚本如右图所示。

 背景脚本如右图所示。

注意

只切换不等待的话，由于程序的执行速度比较快，无法看出门开合的效果。

程序是否不够简洁？能否用不同的方法实现电动门的开合？

思考

　　重复执行的次数要开动脑筋思考一下，根据电动门在开合过程中的具体造型状态和数量，来设定重复执行的次数，如下图所示。

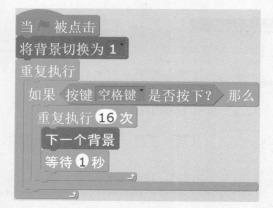

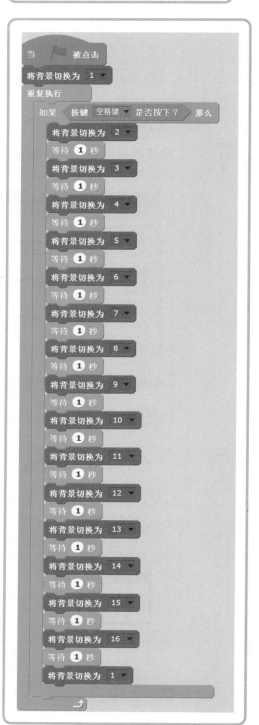

（三）试一试

1. 测试程序

测试一下程序，回答下面的问题。

自己测试时发现的问题	要控制电动门开关的速度，可以怎么做
＿＿＿＿＿＿＿＿＿＿＿ ＿＿＿＿＿＿＿＿＿＿＿	＿＿＿＿＿＿＿＿＿＿＿ ＿＿＿＿＿＿＿＿＿＿＿

2. 改进优化

电动门在全开状态时需稍作停顿，此造型的等待时间要稍长一些，如右图所示。

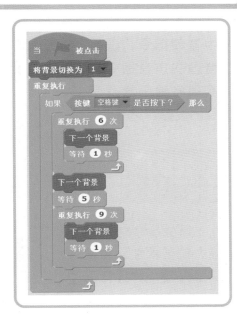

四、拓展

思考与完善1：

使用造型切换的方法我们已经实现了电动门的开关效果，想一想，还能用其他方法实现电动门的开关吗？

＿＿＿＿＿＿＿＿＿＿＿＿＿＿＿＿＿＿＿＿＿＿＿＿＿＿＿＿＿＿＿＿＿＿＿＿＿＿

思考与完善2：

如果要加上电动门的感应功能，又该怎么处理呢？

＿＿＿＿＿＿＿＿＿＿＿＿＿＿＿＿＿＿＿＿＿＿＿＿＿＿＿＿＿＿＿＿＿＿＿＿＿＿

第4课　猫咪铃儿响叮当

学习目标

1　识别声音模块中各项指令，选择合适的声音指令，实现各种乐器及音符的设置。

2　通过音乐的欣赏，发现声音模块设计音乐的原理，从而能够组织声音指令来尝试创作自己喜欢的音乐。

3　初步体验"广播……"与"当接收到……"来广播消息、接收消息，并启动相应的脚本。

5　感受Scratch的魅力和艺术性，激发探索兴趣，体会音乐创作的乐趣。

4　通过把编程与艺术有机结合，提升跨学科解决问题的能力。

一、创设活动情境

　　圣诞节即将来临，Scratch小猫也准备来庆祝这个节日。提到圣诞节，大家会想到什么呢？笑容满面的圣诞老人、装饰精美的圣诞树、琳琅满目的圣诞礼物……还有美妙的音乐也是喜迎圣诞节时不可或缺的组成部分，让我们用Scratch作为创作工具来一场音乐盛宴吧！我们一起来用Scratch软件创编《铃儿响叮当》的音乐作品。

二、想象与分析

1. 试玩体验

同学们打开Scratch程序文件（铃儿响叮当.sb2），播放作品，并随着音乐一起唱。

2. 分析作品

我们使用思维导图来作为活动项目的图像式思考辅助工具，根据下面的思维导图，分析在Scratch中如何创编"铃儿响叮当"音乐作品。

铃儿响叮当

三、创作与调试

（一）学一学

1. 声音模块：弹奏音符、设定乐器

Scratch的声音模块，不仅能播放声音、敲打鼓声，还可以通过弹奏音符来编写音乐作品。单击声音选项卡，如右图所示。

弹奏音符 `60` `0.5` 拍 指令用来弹奏音符指定的节拍。可以在音符输入框中直接输入参数，还可以直接单击下拉菜单，中央C的值是60，如下图所示。

Scratch可以弹奏各种乐器的音符。 设定乐器为 `1` 指令是为弹奏的音符选择乐器，单击黑色三角形箭头，可以设定各种乐器。本课选择"1"代表钢琴，如下图所示。

| (48) Low C |
| (50) D |
| (52) E |
| (53) F |
| (55) G |
| (57) A |
| (59) B |
| (60) Middle C |
| (62) D |
| (64) E |
| (65) F |
| (67) G |
| (69) A |
| (71) B |
| (72) High C |

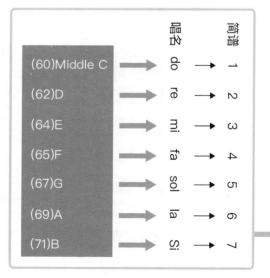

音名	唱名	简谱
(60)Middle C →	do →	1
(62)D →	re →	2
(64)E →	mi →	3
(65)F →	fa →	4
(67)G →	sol →	5
(69)A →	la →	6
(71)B →	Si →	7

在Scratch中，弹奏音符的值与唱名、简谱音名是一一对应的，具体的对照图如左图所示。

2. 事件模块：广播……，当接收到……

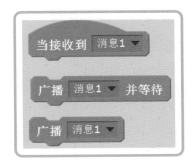

Scratch中的角色可以广播消息给所有角色，当其他角色接收到消息时，如果相应脚本区中积木块接收到的消息名称与广播的消息名称相同时，将会触发执行相关的一系列指令，如右图所示。

"广播……并等待"：会等待所有的角色执行完和该广播相关的脚本后才继续执行下去。

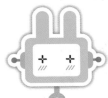

增加一个铃铛角色，当点击铃铛角色，广播一条消息。小猫接收到这条消息时说："收到"。

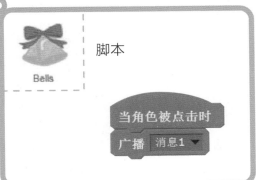

（二）做一做

1. 设计舞台背景和规划角色

● 设计舞台：

导入舞台背景有多种方法：第1种是从背景库中选择背景，如右图所示。第2种是绘制一个新背景，第3种是从本地文件中上传背景，第4种是拍摄照片当作背景。

本课的舞台背景是圣诞节。在背景库中已经有合适的背景"winter-lights"，如右图所示。

规划角色:

添加角色与导入背景的方法相同，也有多种添加方法。

本课中铃铛角色可使用 新建角色: ，从角色库中选取，如右图所示。

新建的角色列表如右图所示。

2. 设计脚本

脚本如下图所示。当弹奏每一个音符时，猫咪都会"唱"出音名，用到"当接收到……"指令。

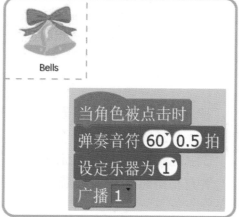

其他铃铛的脚本可以通过复制代码并做微调的方式完成。这样就可以通过点击小铃铛，来弹奏出《铃儿响叮当》的作品了。

另外，通过弹奏音符编写好代码，脚本（部分）如右图所示。按下空格键，就会弹奏出《铃儿响叮当》的音乐作品。

 弹奏《铃儿响叮当》的脚本（部分），如下图所示。

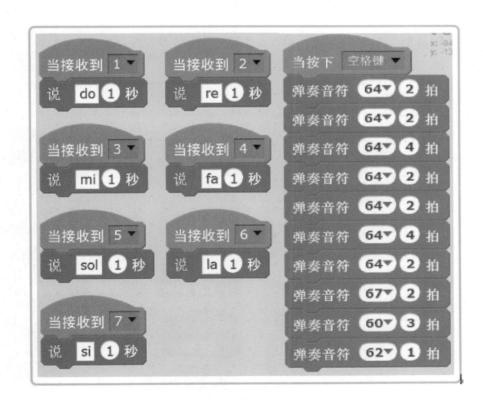

（三）试一试

1. 测试程序

测试一下程序，回答下面的问题。

自己测试时发现的问题	请同学帮忙测试程序，他给了哪些建议
_____ _____	_____ _____

2. 改进优化

在弹奏"小铃铛钢琴"时，可以让小铃铛的外观变换各种特效，如更换颜色、增加旋转等，可以增加交互和趣味，如右图所示。

另外，可以调整节奏，如加快或减慢节奏。试一试，做一做。

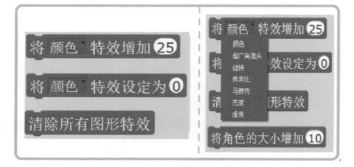

改进后的脚本如右图所示。

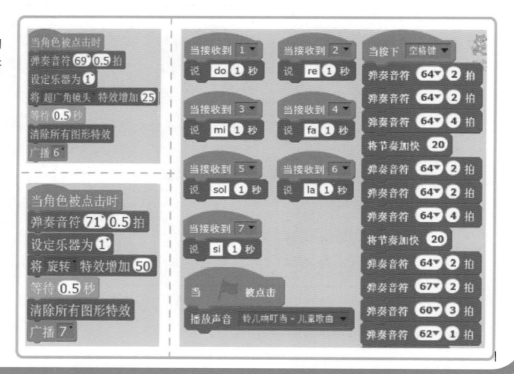

四、拓展

在Scratch中，除了自己弹奏各种乐器音符，还可以从声音库中选取声音、录制新声音、从本地文件中上传声音，如右图所示。

从声音库中选取声音，如下图所示。

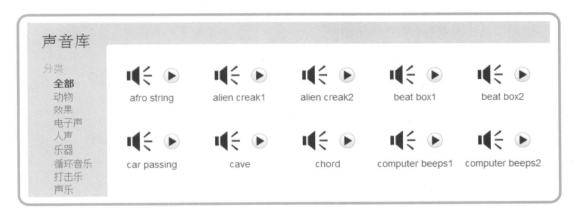

除了Scratch自带的声音库中提供声音文件外，还可以外接麦克风、录制自己的声音，并将其导入到角色或舞台中。

要录制声音，如下图所示。首先单击"声音"选项卡下的"录制新声音"按钮，将会自动新建一个声音文件，单击录制按钮就可以录音了。

录制新声音。

录制完毕后可以播放试听效果，如下图所示。

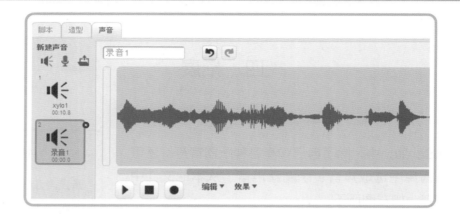

从本地文件中上传声音，如下图所示，选择相应的声音文件。

进行格式转换后，选中的音乐就上传成功了，如下图所示。

第5课 灭火机器人

学习目标

1

掌握变量的基本操作：新建变量与设置变量。

2

设置变量的显示与隐藏，巩固角色的显示、隐藏以及造型的切换。

3

理解随机数的含义，学会设置和选择恰当范围内的随机数。

一、创设活动情境

　　如果生活中出现火灾事故，是不是件很可怕的事情？如果这时有一个智能机器人，可以自动探测到起火点，并且能够赶到起火点进行灭火，这该有多好啊！我们用Scratch编制一个作品，来实现这个机器人自动灭火的场景吧！

二、想象与分析

1.试玩体验

　　打开Scratch程序文件（灭火机器人.sb2），看看机器人是怎么赶到灭火点去扑灭火苗的吧！

2. 分析作品

作品涉及的角色：　机器人、火苗、水。

角色的行为：

机器人	火苗	水
机器人根据火苗出现的位置，移动到起火点，喷出水流来灭火。	接收到着火的广播消息时，火苗出现；当接收到灭火的广播消息时，火苗消失，表示灭火成功。	当着火时，水流出现在起火点，实施灭火。

三、创作与调试

（一）学一学

1. 数据模块：新建变量

"变量"是指在程序执行过程中取值可以改变的量。数据模块中有以下指令，如下图所示。

在计算机编程语言中，"变量"用来储存程序的各种数据，在需要引用的时候，可以通过"变量名"访问"变量"、获取数据。要创建变量，可以按以下步骤操作。

（1）单击选项卡中的"数据"模块，在"数据"模块中可以新建"变量"，如右图所示。

（2）单击"新建变量"按钮，在打开的"新建变量"对话框中输入变量的名称；默认该变量适用于所有角色，也就是所有角色都能够使用。最后单击"确定"按钮，完成变量的创建。

Scratch中的变量名称可以使用中文、字母、数字及符号，最好使用具有描述性的、有一定意义的名称。要特别注意变量名称是区分字母大小写的。例如，对于"FIRE"，"FIRe"，"FirE"这3个变量来说，它们是不同的变量。为了防止混淆，在同一个程序中避免使用这种只有大小写区别的变量。

我们尝试新建变量fire_x，如右图所示。

2. 数据模块：设置变量

与设置角色的大小、位置一样，变量在程序一开始运行时，也需要进行数值的初始化，这样可以避免前一次程序运行所留存数值对变量的影响。在设置变量的脚本中，最常用的是"数据"模块中的下面4个指令。

这4个指令分别有什么作用？

将 fire_x 设定为 0 　指令的作用：＿＿＿＿＿＿＿＿＿＿

将 fire_x 增加 1 　指令的作用：＿＿＿＿＿＿＿＿＿＿

显示变量 fire_x 　指令的作用：＿＿＿＿＿＿＿＿＿＿

隐藏变量 fire_x 　指令的作用：＿＿＿＿＿＿＿＿＿＿

3. 数字与逻辑运算模块（版本更新后为运算符模块）：随机数

在我们的日常生活中，存在许多随机现象。例如，我们掷的骰子就会是1~6之间的一个随机数。在Scratch里可以非常方便地使用随机数来模拟这种随机现象。随机数可以是整数，也可以是实数。

在数字与逻辑运算模块中，有下面的这条指令：

在 1 到 10 间随机选一个数

将 x 设定为 在 -2 到 2 间随机选一个数

则表示变量x将获取-2，-1，0，1，2这5个整数中的某一个。

将 x 设定为 在 -2.0 到 2.0 间随机选一个数

则表示变量x将获取[-2，2]这个实数区间中的某个实数。

我们尝试将变量fire_x的值设定为-200~200之间的一个随机数：

将 fire_x 设定为 在 -200 到 200 间随机选一个数

（二）做一做

1. 导入舞台背景和角色

导入舞台背景，可以从背景库中选择背景，单击 📷 按钮，如下图所示。

从背景库中选择合适的背景，相应的背景就显示在舞台上了，如右图所示。

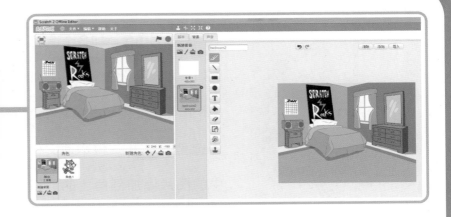

删除此作品中不需要的角色1（小猫），如左图所示。

使用 新建角色:

"从本地文件中上传角色"，加入作品涉及的角色，如右图所示。

我们加入了机器人、火苗、水这3个角色，如右图所示。

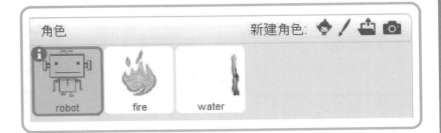

可以为角色添加多个造型。

例如，为火苗角色 增加

多个造型，使用从本地文件上

传造型  ，将本地文件

中的图片添加到角色的造型
里，如右图所示。

2. 设计脚本

机器人角色的脚本如下图所示。

火苗角色的脚本如下图所示。

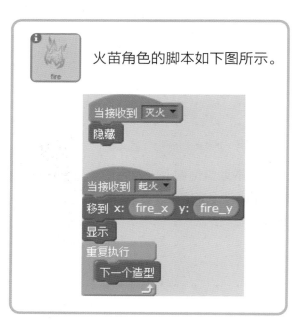

水角色的脚本如右图所示。

（三）试一试

1. 测试程序

测试一下程序，回答下面的问题。

自己测试时发现的问题	用水灭火的动感不足，如果想让灭火的动作更加逼真，可以怎么做呢
_____ _____ _____	_____ _____

想一想

现在机器人到达的灭火位置，是根据什么信息来确定的？

_____

_____

2. 改进优化

改进程序以增强用水灭火的动感，如何使灭火的动作更加逼真？

_____

_____

四、拓展

思考与完善：

如果让机器人自己去搜索多个起火点的位置，可以用什么方式实现？

_____

_____

第6课 猜数字

学习目标

1

巩固掌握变量、判断指令、数字及逻辑运算等的使用方法。

2

能够使用自然语言写出设计游戏的过程，并能将它转换成Scratch程序脚本。

3

通过流程图分析，理清游戏的实现过程，提高分析问题、解决问题的能力。

5

了解"二分法"的算法思想，提升初步计算思维能力。

4

通过测试游戏发现问题，了解创作过程是迭代和渐进的，增强重视调试改进作品的意识。

一、创设活动情境

同学们，你们有没有玩过猜数字的游戏呢？游戏的规则是：猜一个数字，这个数字比0大，比100小，当你说出一个数字，老师会反馈你这个数字是大了还是小了，直至猜中为止。这节课我们就来尝试使用Scratch软件制作这个经典的小游戏！

1. 试玩体验

　　打开Scratch程序文件（猜数字.sb2），两人一组，同伴互玩，比一比谁用最少的次数猜中数字，如右图所示。

用下面的表格记录两位同学猜的原始数字，成绩填写猜中答案所用的次数。

	1	2	3	4	5	6	7	8	9	10
同学A										
同学B	1	2	3	4	5	6	7	8	9	10
成绩（次数）										

2. 分析作品

　　（1）请同学们用自然语言描述猜数字游戏的实现过程：

_____

　　（2）想一想：游戏中用到哪些变量和哪些常量？

_____

（3）请画出流程图来描述猜数字过程，同学们可以不拘一格地构想猜数字的实现过程，也可以参考以下的提示流程，如下图所示。

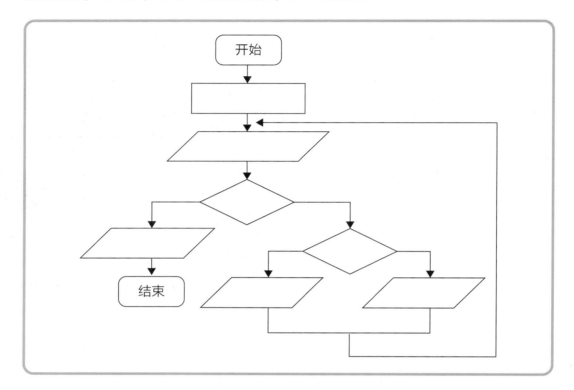

三、创作与调试

（一）学一学

1. 巩固：新建和设置变量

（1）单击选项卡中的"数据"模块，新建变量"答案"，如下图所示。

"答案"变量应该显示还是隐藏？

□显示　□隐藏

它的初始化值应该是_____；这是因为_____，设置变量的初始化值是_____。

（2）我们尝试将变量"答案"设定为1~100的一个随机数。

将 答案 设定为 在 1 到 100 间随机选一个数

2. 侦测模块：询问……并等待

　　在侦测模块有"询问……并等待"指令，
如右图所示。

尝试询问来猜数字的同学，请
同学来猜测一个数字：

询问 在1-100中猜一个数 并等待

3. 数字和逻辑运算模块（版本更新后为运算符模块）：算术运算符、关系运算符

　　在Scratch中，我们可以使用"数字和逻辑运算"模块中的算术运算符进行数学的
加减乘除运算，使用关系运算符进行大小判断，如下图所示。

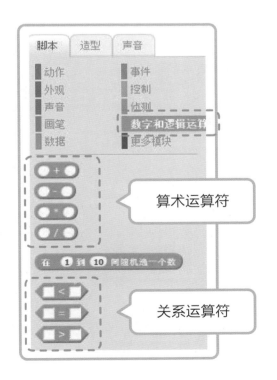

算术运算符

关系运算符

关系运算符与条件指令组合使用就可
以实现大小判断，如何判断猜测的数字是
大了、小了或者猜对了，如下图所示。

如果 回答 > 答案 那么
　　说 大了，再来一次 2 秒

（二）做一做

1. 导入舞台背景和角色、初始化变量

同学们可以选择一些漂亮的图片作为角色的舞台背景，如右图所示。

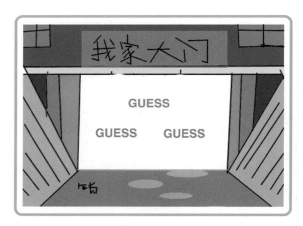

教师角色及其造型，如右图所示。

2. 设计脚本

初始化变量：将变量"答案"设定为1~100的一个随机数。角色教师的脚本，如右图所示。

（三）试一试

1. 测试程序

测试一下程序，回答下面的问题。

自己测试时发现的问题	请同学帮忙测试程序，他们给出的建议

2. 改进优化

> 游戏的创作过程是一个不断迭代、逐步完善的过程，通过分享和交流，你发现自己的不足了吗？想从哪些方面进行改进呢？

不足：＿＿＿＿＿＿＿＿＿＿＿＿＿＿＿＿＿＿＿＿＿＿＿＿＿＿

改进：＿＿＿＿＿＿＿＿＿＿＿＿＿＿＿＿＿＿＿＿＿＿＿＿＿＿

问题 为了增加游戏的难度、趣味性和挑战性，我们还可以怎么改进"猜数字"游戏？

提示 (1) 有些同学是这样改进的：增加"猜数字"的耗费时间，如下图所示。

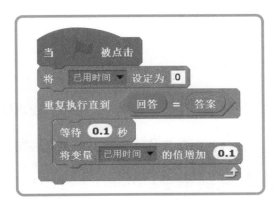

（2）另一些同学通过记录猜的次数、改变人物造型以及添加音效来增加游戏的趣味性，如下图所示。

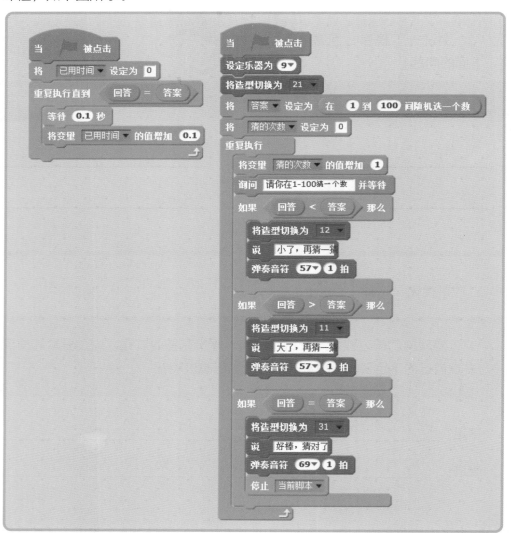

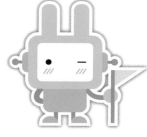

四、拓展

有没有更高效的猜出数字的方法呢？

① 在本课"试玩体验"里所填表格中，能不能找出猜数字游戏的规律？

② 自主探究：在网上搜索二分法查找的相关算法知识进行学习。

③ 讨论：通过二分法的算法思想猜数字，会有什么优势呢？

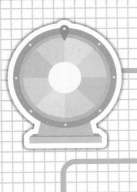

第7课 趣味抽奖

学习目标

1	2	3	4
巩固掌握随机数的选取，并运用它随机切换造型。	深入理解广播的作用，能够使用广播合理调度各脚本有序地执行。	合理使用计时器，使程序更加丰富、精彩。	理解分支结构的作用，学会使用单分支结构，探究和尝试多分支结构的使用。

一、创设活动情境

同学们，在举行各种活动时，往往会有一个抽奖环节。如果设置4个奖项，当点击"开始"后屏幕连续且随机出现不同的图案，当点击"停止"时即出现抽奖结果。

二、想象与分析

1.试玩体验

打开Scratch程序文件(抽奖一.sb2)，两人一组，同伴互玩，如右图所示。

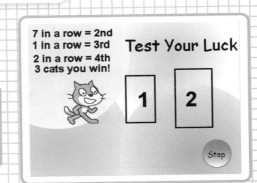

运行程序10次，填写下表，统计出各奖项所获得的次数，比一比谁的成绩较好。

同学A	奖项	优胜	第二	第三	第四
	次数				
同学B	奖项	优胜	第二	第三	第四
	次数				

2. 分析作品

（1）请同学们用自然语言描述抽奖程序的实现过程：

_____

_____

（2）想一想：

老师设置了4张不同的奖项卡片作为角色1、角色2和角色3的4个不同造型，请同学们思考，怎样才能持续地在这4个造型中随机选取1个造型显示在屏幕上？

（3）注意观察作品中"开始"和"结束"的出现规律。

三、创作与调试

（一）学一学

1. 应用随机数来随机切换造型

我们已经学习过造型的切换和随机数指令，那么

`将造型切换为 在 1 到 4 间随机选一个数`
`等待 在 0.2 到 0.6 间随机选一个数 秒` 这两个指令的作用是

_____

2. 应用广播实现角色隐藏、显示

使用 **外观** 模块中的 **显示** 和 **隐藏** 指令，可以方便地进行界面的初始化。当我们点击"绿旗"启动程序时，可以显示角色"Start"和隐藏角色"Stop"。

点击"绿旗"后，如右图所示。

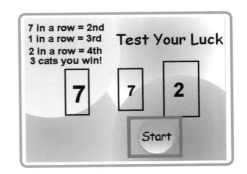

但当点击角色"Start"后，也可以很容易在"事件"模块中发现 当角色被点击时 ，可以利用它来隐藏角色"Start"。

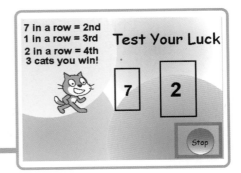

点击"Start"后

此时怎么才能通知角色"Stop"，让它可以显示呢？我们已经学习过事件模块中的"广播"，无论哪个角色都可以发送广播，而其他的角色也会侦听广播。当接收到的广播与其脚本相关时，就会执行相应的脚本。角色之间可以通过"广播"的发送与接收进行互动，从而触发新的事件。

角色"开始"的部分脚本

当角色被点击时
广播 开始
隐藏

角色"结束"的部分脚本

当接收到 开始
显示

（二）做一做

1. 导入舞台背景和角色

　　自行设置舞台背景和角色，如右图所示。

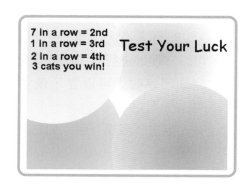

2. 设计脚本

　　3个随机出现角色的脚本，如右图所示。

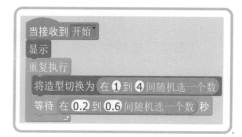

　　（1）这3个角色的脚本是相同的，那么用什么方法能够比较方便地把脚本传递给另外两个角色？

_____

_____

把自己的方法和同学们一起分享一下吧！

　　（2）播放背景音和结束整个程序运行的指令积木块，可以放在什么角色或舞台的脚本区呢？

（三）试一试

1. 测试程序

测试一下程序，回答下面的问题。

自己测试时发现的问题	请同学帮忙测试程序，他们给出的建议
_____	_____
_____	_____

2. 改进优化

在测试程序后，同学们又有了一些新的想法。

（1）有的同学觉得为了等待一个"最佳"时机耗时很多，而程序本身是随机的，等待是无意义的，考虑增加限时功能。（改进后以"抽奖二.sb2"文件名保存）

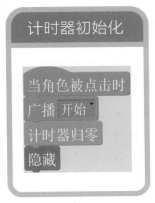

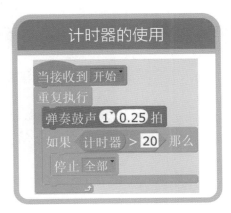

（2）还有一些同学更有想法，觉得可以让程序自动显示出抽奖结果，如右图所示。

49

那么程序结构还需要不断修改，并且要获得3个随机出现的角色造型最终的状态（提示：此时使用a，b，c这3个变量来存储3个随机出现的角色造型的当前值），在此仅讨论获胜结果，添加一个新的角色用来显示获胜文本。其脚本如右图所示。

而舞台脚本修改如下图所示。

3个随机出现的角色的脚本修改如右图所示。（改进后以"抽奖三.sb2"文件名保存）

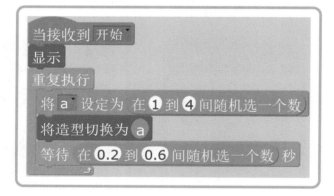

四、拓展

思考与完善1：

除了可以显示"Win"之外，是否可以显示出其他奖项？

_____

_____

思考与完善2：

（1）尝试双分支结构的使用。

（2）在分支结构中再嵌入分支结构，程序执行流程又会如何？

_____

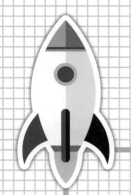

第8课　火箭发射

学习目标

1

巩固掌握Scratch创建多造型角色。

2

掌握Scratch对角色的多种外观控制的方法，合理增强页面效果。

3

尝试使用Scratch的克隆功能。

5

体验Scratch循环控制命令的不同使用方法，正确选择适合的循环控制命令。

4

合理运用Scratch的随机数，制作角色的动态效果。

一、创设活动情境

　　火箭是以热气流高速向后喷出、利用产生的反作用力向前运动的喷气推进装置，可用作快速远距离运送工具，如作为探空、发射人造卫星、载人飞船、空间站的运载工具，以及其他飞行器的助推器等。同学们一起来设计一个Scratch作品来表现火箭升空的宏伟场景吧！

二、想象与分析

1. 试玩体验

打开Scratch程序文件（火箭发射.sb2），点击 运行程序，观察一下火箭飞行的效果。

2. 分析作品

作品中的背景如何设置？

_____

火箭发射的场景中会出现哪些元素？需要添加哪些角色？

_____

_____

场景中的角色相应呈现出哪些状态？如何编制相应的脚本？

_____

_____

三、创作与调试

（一）学一学

1. 控制模块：克隆

在 控制 模块里，与克隆相关的指令如下图所示。

当作为克隆体启动时 的功能是当作为克隆体启动时执行后续的指令。

克隆 自己 的功能是创建自己或指定角色的克隆体，克隆体继承了原角色的状态。

删除本克隆体 的功能是删除该角色的克隆体。

巧妙地使用克隆功能，可以有效地减少程序的复杂程度，提高程序编写的效率。

2. 应用随机数制作火箭动态效果

除了让火箭有火焰变化的动画效果外，还需要让它的位置有所变化。

我们可以通过设置火箭Y轴坐标的变化，让火箭有上下运动的效果。

这里可以使用运算符模块中的

`在 1 到 10 间随机选一个数`

用一个随机数设置火箭的Y轴坐标。

`将Y坐标设定为 在 -10 到 10 间随机选一个数`

使用同样的方式，通过随机数可以设置角色的大小、位置、运动轨迹、虚像特效等变化效果。

`将 超广角镜头 特效设定为 在 1 到 20 间随机选一个数`

请同学们试着使用随机数编写一个角色的大小、位置随机变化的Scratch小程序。

（二）做一做

1. 导入舞台背景、角色等

绘制背景

舞台的背景就是天空图案，可单击选中"舞台"，在"背景"选项卡中绘制指定合适的颜色；然后使用 工具，将天空背景填充完成。大家觉得哪种颜色最合适呢？

新建角色

新建流星角色，可以绘制一个雪花状的流星：

流星

新建火箭角色：

Sprite2

火箭角色会有哪些状态的变化呢？（如考虑火箭尾部火焰的颜色和形状）我们可以为火箭设计哪些不同的造型呢？导入素材库中两个火箭图形，如右图所示。

2. 设计脚本

火箭发射时，会有哪些运动状态的变化呢？火箭飞行的范例代码如右图所示。

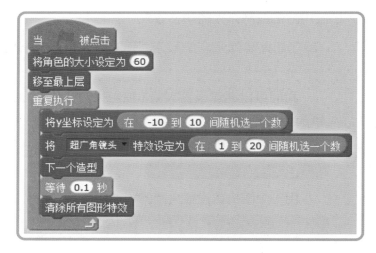

在以上程序中，控制了火箭的哪些效果？

_____

_____

制作流星纷呈的效果：

天空中一定不止一颗流星闪耀，如何呈现多颗流星闪现的场景呢？如何批量完成众多流星的角色和代码设置呢？

使用角色的克隆功能，可以使一个角色在屏幕上重复出现。

（1）为什么要使用"隐藏"功能？

_____

_____

（2）猜想代码中的 等待 1 秒 起什么作用？

_____

_____

使用"重复执行"功能、不断地克隆角色后，需要对角色进行控制。为了让流星能够动起来，编制以下脚本，如右图所示。

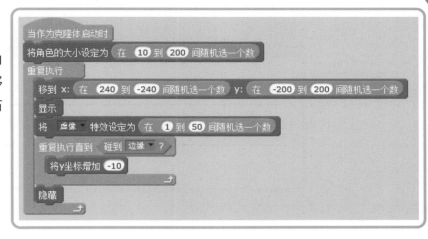

想 一 想

（1）在以上程序中，控制了流星的哪些效果？

_____

（2）流星的运动方向是向上，还是向下？

_____

（3）为什么要在页面上呈现"流星"，有什么作用呢？

_____

大家一起来完成整个作品的程序设计编制吧！

（三）试一试

1. 测试程序

测试一下程序，回答下面的问题。

自己测试时发现的问题	要控制流星出现的速度，可以实现的方法
_____	_____
_____	_____

要让火箭向上飞行的效果更加逼真，还可以使用的效果

_____

_____

2. 改进优化

在调试程序时，除了调试逻辑性之外，程序的持续性测试（即让程序长时间不间断运行）也是非常重要的。有时程序长时间运行后会把计算机的资源用尽而导致死机，尤其是在使用了类似"重复执行"这样的控制程序后（克隆体至多300个）。以上程序长时间运行后，你发现有什么问题吗？如何改进？

不足：_____

改进：_____

流星角色的脚本，如右图所示。

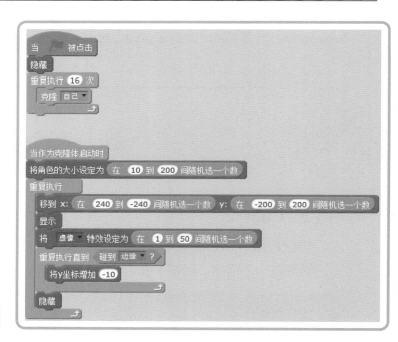

四、拓展

思考与完善：

除了与范例类似的火箭发射情景，你还想到火箭发射时会出现哪些有趣的画面呢？如何改进和丰富火箭发射的场景呢？

_____

第9课　垃圾分类

学习目标

1

领会感测技术在信息技术中的重要地位，进一步使用各种侦测指令。

2

理解变量的初始化在基本算法中的作用，可以区分累加器和计数器的用法。

3

使用角色与背景的切换提示不同的含义，合理运用广播推进程序的进程。

5

通过创作环保主题的科艺程序，逐步形成绿色环保的可持续化发展理念。

4

应用文本角色的造型切换以展示巨幅文本的效果。

一、创设活动情境

　　在以"垃圾分类处理　美丽城市生活"为主题的青少年科技节活动中，提出："我们每个人每天都会扔出许多垃圾，你知道这些垃圾它们到哪里去了吗？它们通常是先被送到堆放场，然后再送去填埋。垃圾分类的好处是显而易见的。垃圾分类后被送到工厂而不是填埋场，既省下了土地，又避免了填埋或焚烧所产生的污染，还可以变废为宝，我们每个人都可以通过垃圾分类来减少环境污染。"

二、想象与分析

1. 试玩体验

请同学们使用Scratch软件开展有关垃圾分类的创意设计和程序实现，结合生活实践，创造性地运用信息技术工具来发现问题、分析问题和解决问题，从小关注和思考城市生活难题，树立绿色环保意识。

2. 分析作品

我们使用思维导图来作为垃圾分类项目的图像式思考辅助工具，要做到垃圾分类处理，首先要了解有哪些垃圾类型，向观看和使用Scratch作品的观众呈现和宣传这些垃圾分类知识。那么，观众观看的效果如何？是否真正了解和掌握区分各类垃圾的知识和技能了呢？这时，我们可以设计一个垃圾分类的互动游戏，来检测一下大家是否可以有效地区分垃圾的类型。设计垃圾分类检测游戏时，需要综合考虑游戏的场景、角色和计分规则（如何加分/扣分）等因素，如下图所示。

三、创作与调试

（一）学一学

1. 巩固：应用变量来设置游戏得分

为了记录垃圾分类检测游戏的分数，我们可以使用变量分数来计算游戏得分。在垃圾分类知识普及阶段，变量分数是否要出现呢？

通过前期的学习，我们知道下面的方法：

对于变量的显示和隐藏，可以使用 显示变量 分数
隐藏变量 分数

设定变量的初始值，可以使用 将 分数 设定为 0

在程序执行过程中变量的改变，可以使用 将 分数 增加 1

可以根据不同的需要，相应地设置"设定为"和"增加"之后的数值。

> 同学们试着编一段脚本来实现：当厨余垃圾碰到厨余垃圾桶时增加1分，提示"答对了"；当非厨余垃圾碰到厨余垃圾桶时减少1分，提示"答错了"。

2. 侦测模块：碰到……

在侦测模块里有 碰到 ?

这个指令的功能是侦测当前角色是否碰到鼠标指针、舞台边缘或其他角色，点击黑色小三角，可以选择碰到的对象，如右图所示。

类似的指令 碰到颜色 ? 的功能是

_____

类似的指令 颜色 碰到 ? 的功能是

_____

（二）做一做

1. 导入舞台背景、角色等

（1）舞台及其造型：综合考虑垃圾分类知识普及环节和分类检测游戏，舞台的场景可以有以下4种造型。

① 垃圾分类游戏的海滩背景　　③ 游戏过关背景

② 垃圾分类知识普及的背景　　④ 游戏不过关背景

（2）在角色列表中添加以下角色：分类知识页面、各类垃圾、垃圾桶等。

垃圾分类知识的角色和造型

把有关垃圾分类的知识页面作为角色的几个造型，同学们可以搜索一下有关垃圾分类的相关知识来制作分类知识的不同造型。

垃圾桶角色

可以从网上搜索合适的垃圾桶图片，保存在本地，然后"从本地文件中上传角色"

当然如果同学们想"绘制新角色"，DIY绘制出有个人特色的垃圾桶也很不错。

垃圾角色　新建角色：

可以选择"从角色库中选取角色"或"从本地文件中上传角色"

添加一些不同的垃圾角色，如右图所示。

2. 设计脚本

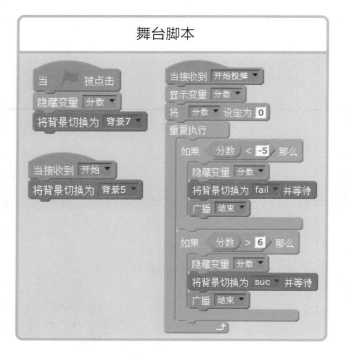

舞台脚本

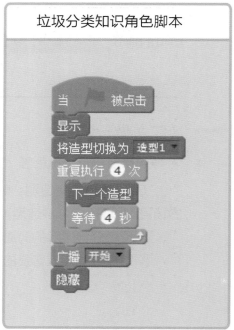

垃圾分类知识角色脚本

垃圾角色脚本

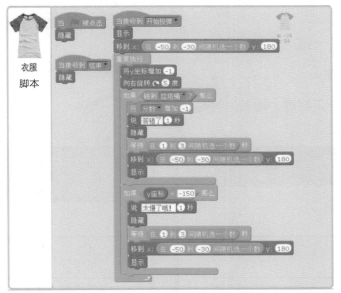

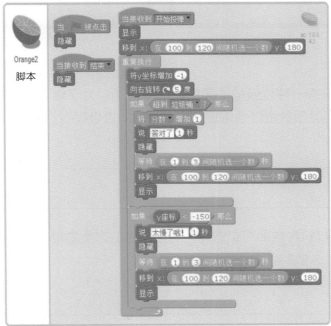

（三）试一试

1. 测试程序

测试一下程序，回答下面的问题。

自己测试时发现的问题	垃圾桶在屏幕上可以随意移动，控制垃圾桶移动的位置靠近地面的方法
＿＿＿＿＿＿＿＿＿＿＿＿＿＿ ＿＿＿＿＿＿＿＿＿＿＿＿＿＿	＿＿＿＿＿＿＿＿＿＿＿＿＿＿ ＿＿＿＿＿＿＿＿＿＿＿＿＿＿

2. 改进优化

现在只有一种垃圾桶（即厨余垃圾桶），为了增强游戏的挑战性和趣味性，能否增加不同类型的垃圾桶来接住相应类型的垃圾呢？

＿＿＿＿＿＿＿＿＿＿＿＿＿＿＿＿＿＿＿＿＿＿＿＿＿＿＿＿＿＿＿＿＿＿＿

＿＿＿＿＿＿＿＿＿＿＿＿＿＿＿＿＿＿＿＿＿＿＿＿＿＿＿＿＿＿＿＿＿＿＿

现在只有4种物品可供选择，利用角色的造型功能，可以使物品的样式更加丰富，想一想该怎么做？

＿＿＿＿＿＿＿＿＿＿＿＿＿＿＿＿＿＿＿＿＿＿＿＿＿＿＿＿＿＿＿＿＿＿＿

＿＿＿＿＿＿＿＿＿＿＿＿＿＿＿＿＿＿＿＿＿＿＿＿＿＿＿＿＿＿＿＿＿＿＿

四、拓展

思考与完善：

程序中物品的位置次序是不变的，如何让物品的位置随机出现而又不重叠呢？

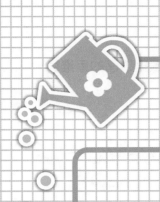

第10课　定时浇花

学习目标

1	2	3	4
巩固掌握侦测模块里相呼应的"询问……并等待"和"回答"指令，实现程序的输入功能。	巩固理解计时器初始化和计时器归零，进一步应用侦测模块中的计时器。	初步熟悉画笔模块，学会使用抬笔、落笔，尝试设置笔的颜色、清空笔迹等绘制轨迹。	通过活动的实践，学生更加亲近自然，珍惜生命，热爱我们的地球。

一、创设活动情境

我们养了一盆花，每天都要给它浇水。试想如果设定好固定的时间间隔、可以自动地进行浇水，是不是有智慧绿植栽培的感觉呢？我们来尝试一下用Scratch编制程序实现给植物自动浇水吧！

二、想象与分析

1. 试玩体验

打开Scratch程序文件（定时浇花.sb2），设定时间间隔，来体验一下每隔一段时间自动给花浇水吧。

2. 分析作品

我们使用思维导图来作为定时浇花的图像式思考辅助工具，根据下面的思维导图，分析在Scratch程序中如何实现定时浇花。

三、创作与调试

（一）学一学

1. 将变量的值设定为"询问……并等待"的"回答"内容

我们知道侦测模块里有"询问……并等待"和
"回答"指令，如右图所示。

> 可以根据需要将相关变量的值设
> 定为"回答"的内容。例如：
>
> 询问 请设置定时浇水时间间隔：比如设置10，每10秒钟浇水一次 并等待
> 将 定时浇水时间 设定为 回答

2. 侦测模块：计时器

在优化先前课程中的程序时，有些同学已经尝试着使用了计时器。在侦测模块中有
"计时器" ☐ 计时器 与"计时器归零" 计时器归零 指令，如左下图所示。在计时器
前的方框打勾，在舞台上会显示计时器的具体数值。

> 计时器配合控制模块里的 在 ◇ 之前一直等待 指令，可以实
> 现浇水的时间控制和管理。例如：
>
> 在 计时器 > 定时浇水时间 之前一直等待

3. 画笔模块：绘制轨迹

Scratch中的角色都有一支画笔，可以绘制其移动时的轨迹。

在画笔模块里有相关的指令，可以设置画笔的颜色、大小、色度等属性，如右图所示。

画笔有落笔和抬笔两种状态：如果画笔是落笔状态时，将会按画笔的属性绘制出角色移动时的轨迹；如果画笔处在抬笔状态，则不会出现角色移动的轨迹。

请尝试设置画笔的颜色、大小、色度等属性，绘制出一个角色在舞台中移动的轨迹。如下图所示，每当按下空格键角色移动10步，绘制角色移动的轨迹。

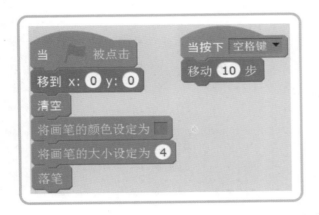

（二）做一做

1. 导入舞台背景、角色等

角色有花盆、水壶、小猫，如下图所示。

花盆和水壶角色，我们可以使用"从本地文件中上传造型" 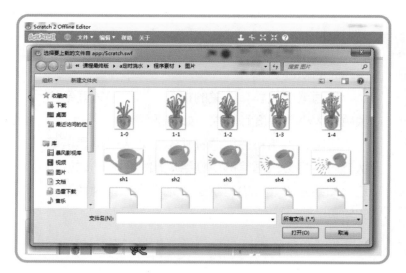 来为角色添加不同的造型，如右图所示。

新添加的造型就出现在角色花盆与水壶的造型列表里，如下图所示。

2. 设计脚本

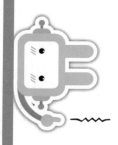

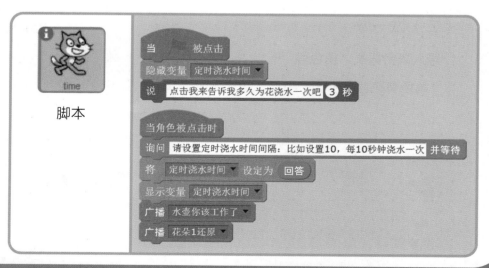

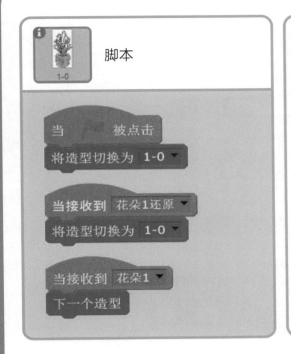

脚本

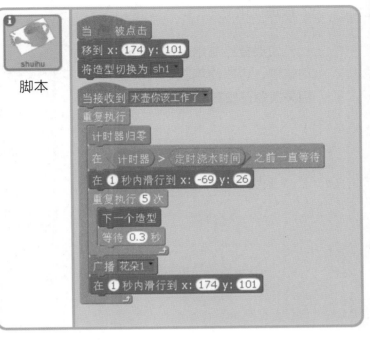

shuihu

脚本

（三）试一试

1. 测试程序

测试一下程序，回答下面的问题。

自己测试时发现的问题	要在屏幕上实时显示开始浇花的剩余时间，可以让使用者有更加直观的感受，想一想具体的做法

2. 改进优化

如果要绘制水壶浇花时的运动轨迹，可以使用画笔模块里的相关指令，如右图所示。

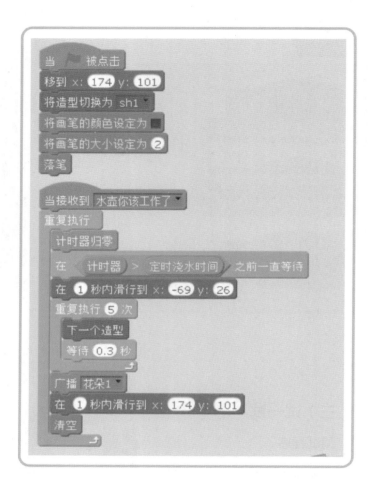

四、拓展

思考与完善：

为了让植物更加健康地生长，我们需要知道浇花的累计次数和上次浇花的时间，想一想该怎么改进呢？

_____

_____

请修改程序，在屏幕上显示以上两个信息。

第11课　试试手测测速

学习目标

1
巩固理解和使用变量及表达式。

2
知道链表的含义，能理解变量和链表的关联，可以区分它们不同的作用。

3
掌握链表基本操作，并逐步应用链表解决实际问题。

6
优化程序脚本以提高程序执行效率，发展分析问题、解决问题的能力。

5
熟练应用计数器、累加器以及求最大值、最小值，会对数据进行四舍五入。

4
知道顺序查找，并能对找到的链表元素进行相应的操作。

一、创设活动情境

　　我们都想知道自己的反应速度是否快捷、应变能力到底怎样，现在就可以利用Scratch自己编程来测试。我们可以测试若干次，从中统计出平均反应速度、最快反应速度等指标。

　　当观察到小猫的造型发生变化，需要马上单击鼠标，通过计时器来获取测试者的反应速度。另外，可以通过按字母"a"键（注意切换到英文输入状态），进一步获得平均反应速度、最快反应速度等统计指标。

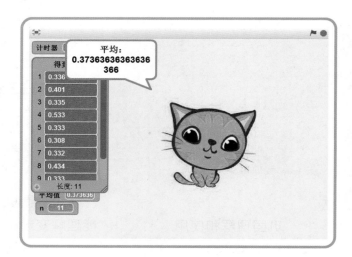

二、想象与分析

1. 试玩体验

打开Scratch程序文件（测试手速.sb2），两人一组，同伴互玩，如右图所示。

统计出前7次的反应速度、平均值及最快速度，并填入下面的表格，比一比谁的成绩更好。

	次数	1	2	3	4	5	6	7	平均	最快	快于平均值的次数
同学A	次数	1	2	3	4	5	6	7	平均	最快	快于平均值的次数
	速度										
同学B	次数	1	2	3	4	5	6	7	平均	最快	快于平均值的次数
	速度										
成绩优异者											

简单说明选择成绩优异者的标准。

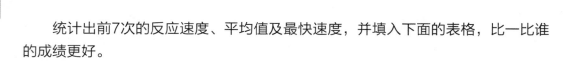

选取标准1：_____

选取标准2：_____

2. 分析作品

（1）请同学们用自然语言描述测试手速程序的实现过程：

_____

（2）想一想：

怎样才能统计出快于平均值的次数？
要保存每一次的测试数据，而测试数据的个数是不确定的，是否可以考虑使用链表？

（3）注意观察程序，区分链表和变量的作用。

程序中必须使用链表的是_____
可以使用变量处理的是_____

三、创作与调试

（一）学一学

1. 数据模块：链表

如果要让计算机统计出在测试中快于平均值的次数，就必须先把每一次的测试数据设法保存起来，等到测试完成后方能统计出平均值，然后再把保留的测试数据与平均值一一比较，得出结果。Scratch为我们提供了链表这样一种形式，在这种情况下使用链表就可以比较方便地解决问题。

链表可以看作变量的有序集合，就好比张三同学的身高、李四同学的身高，到了班集体可能就是3号的身高和4号的身高；如果把学号和链表的序号联系起来，保存到链表的相应位置，通过对链表的访问，我们就可以很方便地处理班级中每位同学的身高，如右图所示。

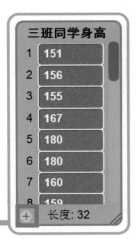

三班同学身高

1	151
2	156
3	155
4	167
5	180
6	180
7	160
8	159

长度：32

2. 链表的基本操作

建立	选取 数据 新建链表　　　　　　　　 新建链表 链表名称：_____ ● 适用于所有角色　　○ 仅适用于当前角色 确定　　取消 输入自己想要的链表名称
宣称 （建立链表的规模）	方法1：在设计算法时，点击图中的 ⊕ 至需使用到的最大下标 方法2：在程序运行时，利用"插入"和"加到末尾"不断增加其长度
赋值	替换位置：3▼ 链表：三班同学身高▼ 内容：162
插入	插入：158 位置：5▼ 到链表：三班同学身高▼
加到末尾	将 159 加到链表 三班同学身高▼ 末尾
删除	delete 4▼ of 三班同学身高▼ 1 末尾 全部
使用	item 2▼ of 三班同学身高▼

（二）做一做

1. 添加和整理造型

　　打开Scratch程序文件（测试手速_0.sb2），添加小猫角色的不同造型，并按序号整理造型的顺序。（提示：对相应的造型进行拖曳即可）

2. 设计脚本

初始化	当 ▶ 被点击 将 n▾ 设定为 **0** 将 和▾ 设定为 **0** delete 全部▾ of 得到的值▾ 将造型切换为 2▾	变量"n"用于记录测试次数； 变量"和"用于记录测试数据的累加； 链表"得到的值"用于存放每一个测试结果。
程序的提示与说明	说 一看到我改变造型，就点击我吧，测测你是否眼疾手快。按a键可统计平均反应速度 **5** 秒	
切换的第一个造型 并开始计时	等待 在 **1** 到 **3** 间随机选一个数 秒 下一个造型 计时器归零	等待一个随机时间的作用： _____ _____
获得测试数据 并插入链表的顶端	当角色被点击时 插入： 计时器 位置： **1▾** 到链表： 得到的值▾	
每一次的数据 统计	将变量 n▾ 的值增加 **1** 将 和▾ 设定为 和 + 计时器	
显示中间结果	说 计时器	
切换下个造型	即重复过程3	
统计	当按下 a▾ 将 平均值▾ 设定为 和 / n 说 连接 平均: 平均值	

当绿旗被点击的脚本

当角色被点击的脚本

当按下 a 键

（三）试一试

1. 测试程序

请将上述模块整合成3段脚本并测试程序。程序以文件名"测试手速_1.sb2"保存。

自己测试时发现的问题	所采取的解决方法
＿＿＿＿＿＿＿＿＿＿＿＿＿＿＿＿＿ ＿＿＿＿＿＿＿＿＿＿＿＿＿＿＿＿＿	＿＿＿＿＿＿＿＿＿＿＿＿＿＿＿＿＿ ＿＿＿＿＿＿＿＿＿＿＿＿＿＿＿＿＿

2. 改进优化

（1）请将测试数据按测试的先后顺序放入链表，并将平均测试速度保留2位小数输出。

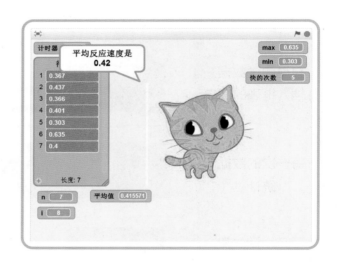

> 提示　保留两位小数的一般方法：

（2）请使用max和min这两个变量，分别记录测试数据的最大值与最小值。

> 提示　注意对max和min变量的初始化。

（3）请统计出快于平均值的次数。

程序修改完成后以文件名"测试手速_2.sb2"保存。

74

（4）在许多场合，我们会用到去掉一个最高分和一个最低分后得到的有效分的平均分。现在我们也来编写这样的程序。要求把最高分和最低分从链表中剔除，再建立一个高于平均分的链表。

程序修改完成后以文件名"测试手速_3.sb2"保存。

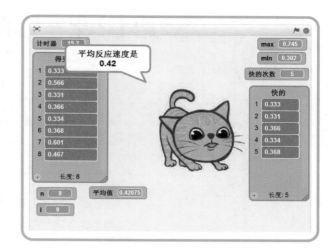

四、拓展

① 编写程序实现：
产生10个三位随机整数[100,999]，并将它们按升序排列。以文件名"myfavorite.sb2"保存。

② 建议大家自主探究，上网了解选择排序、冒泡排序等多种排序算法。

第12课　喵喵问不倒

学习目标

1
复习巩固变量、链表及判断指令的使用方法。

2
进一步通过思维导图分析，理清游戏的实现过程，提高分析问题、解决问题的能力。

3
通过测试游戏来发现问题，了解创作过程是迭代和渐进的，增强调试改进作品的意识。

一、创设活动情境

如右图所示，小猫来到户外散步，遇到了一只螃蟹。螃蟹对小猫说："我要请你回答一些问题，如果你答对了，请你游玩迪斯尼乐园；如果答错了，就不能请你进去了。"我们用Scratch来设计一个描绘这一场景的作品"喵喵问不倒"吧！

二、想象与分析

1. 试玩体验

打开Scratch程序文件（喵喵问不倒基础版1.sb2）来进行百科问答，看看同学们能否进入迪斯尼乐园。

2. 分析作品

根据下面的思维导图，分析"喵喵问不倒"的故事如何实现，如下图所示。

三、创作与调试

（一）学一学

巩固变量和链表

在前面的课程中我们学习了变量和链表，请同学们读如右图所示的这段脚本。

请问脚本实现的是什么功能?

_____

_____

```
当  ▢ 被点击
将  成绩 ▼ 设定为 0
将  题号 ▼ 设定为 1
说  要进入迪斯尼乐园需要先回答科学常识问题哟！ 2 秒
重复执行  题目 ▼ 的长度 次
    询问  item 题号 of 题目 ▼ 并等待
    如果  回答 = item 题号 of 答案 ▼  那么
        说  回答正确！ 2 秒
        将  成绩 ▼ 增加 25
    否则
        说  回答错误！ 2 秒
        将  成绩 ▼ 增加 -12
    将  题号 ▼ 增加 1
```

（二）做一做

1. 导入舞台背景、角色等

从背景库中选择背景

如右图所示。

范例中选择了背景库中的户外或自然分类中的pathway背景，同学们也可根据需要选择合适的背景。

2. 设计脚本

我们先来设计一个基础版的程序，

螃蟹的脚本如右图所示。

（三）试一试

1. 测试程序

测试一下程序，回答下面的问题。

自己测试时发现的问题	利用音效来提示答题的结果、使程序更加生动的做法	如果想增加错题本，需要添加的变量和链表
＿＿＿＿＿＿＿＿＿ ＿＿＿＿＿＿＿＿＿ ＿＿＿＿＿＿＿＿＿	＿＿＿＿＿＿＿＿＿ ＿＿＿＿＿＿＿＿＿	＿＿＿＿＿＿＿＿＿ ＿＿＿＿＿＿＿＿＿

2. 改进优化

有些同学增加了一些角色的效果，来烘托成功进入迪斯尼乐园的欢乐气氛。

 螃蟹的脚本如下图所示。

 小猫的脚本如下图所示。

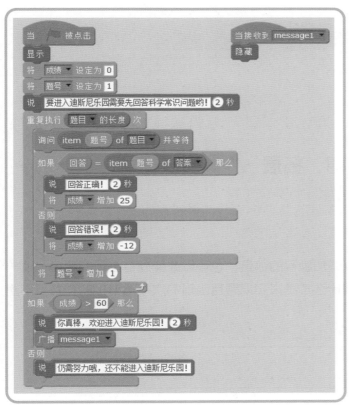

 舞台的脚本如下图所示。

有些同学增加了错题本来帮助提高后续答题的准确率，螃蟹的脚本如下图所示。

```
当 ▶ 被点击                                      当接收到 message1 ▼
delete 全部▼ of 错题本▼                          隐藏
显示变量 成绩 ▼
显示列表 错题本 ▼
显示
将 成绩 ▼ 设定为 0
将 题号 ▼ 设定为 1
说 要进入迪斯尼乐园需要先回答科学常识问题 2 秒
重复执行 题目 ▼ 的长度 次
    询问 item 题号 of 题目 ▼ 并等待
    如果 回答 = item 题号 of 答案 ▼ 那么
        说 回答正确! 2 秒
        将 成绩 ▼ 增加 25
    否则
        说 回答错误! 2 秒
        将 成绩 ▼ 增加 -12
        insert item 题号 of 题目 ▼ at 末尾▼ of 错题本 ▼
    将 题号 ▼ 增加 1
如果 成绩 > 60 那么
    说 你真棒，欢迎进入迪斯尼乐园 2 秒
    广播 message1 ▼
否则
    说 仍需努力哦，还不能进入迪斯尼乐园
```

四、拓展

思考与完善：

为了增加程序的趣味性，我们可以增加题目的数量，也可以改变题目出现的顺序。读一读程序，目前出题的顺序是怎样的？用什么方法来实现题目出现的次序是随机的，并且不重复出现题目?想一想，试一试吧！

_____

_____

第13课　π的探索

学习目标

1
将Scratch编程与数学等其他学科融合，使计算机成为我们学习的有效工具。

2
进一步巩固应用三种循环方式来编写程序。

3
通过用Leibniz定理求π，对计数、累加、累乘的认识更加深刻。

5
巩固理解克隆的作用，知道如何将它运用于程序设计，优化算法，从而得以提高程序的运行效率。

4
熟悉"图章"的使用。

一、创设活动情境

　　圆周率π是一个在数学、物理中普遍使用的常数，从古至今有许多科学家对其进行研究。特别让我们自豪的是，我国古代学者祖冲之的"密率"和"约率"这两项研究成果，要遥遥领先世界300多年。现在我们编制Scratch程序，使用Leibniz定理（$\frac{1}{1} - \frac{1}{3} + \frac{1}{5} - \frac{1}{7} + \cdots = \frac{\pi}{4}$）来计算π值。

二、想象与分析

1. 测试体验

打开Scratch程序文件（glgl_1.sb2），运行程序。

将输入项数、π的值填入下面的表格。

次数	1	2	3	4	5
输入项目					
π的值					

运行程序后的思考：

_____

2. 分析作品

（1）请同学们用自然语言描述程序的实现过程：

_____

（2）想一想：

在累加时其中的每一项尽管有一定规律，但它们有正有负，在编写程序中应该怎样处理？

请用两个循环结构处理问题的同学想一想，能否只用一个循环结构解决问题？

三、创作与调试

（一）学一学

1. 控制模块：重复执行直到……

复习巩固Scratch用于实现循环的3种主要方式，如下图所示。

在计算 π 值时，只要求加到分母不超过n（n由键盘输入）。假设我们先进行正项的累加，如果用计数循环，则先要知道其分母不超过n的有多少项。而用直到型循环，我们只需给出循环的结束条件即可。

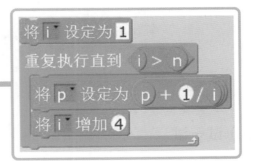

2. 画笔模块：图章

画笔模块中的 图章 指令：这个名词很形象，我们可以用它在舞台某个位置敲一个章，留下角色的图案。

（二）做一做

设计脚本

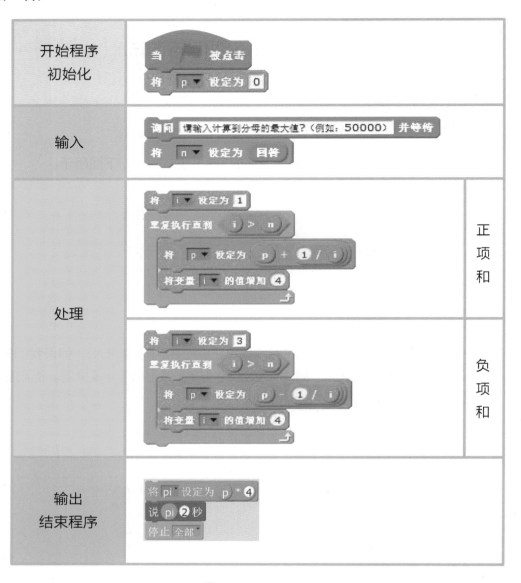

开始程序 初始化	当 ▬ 被点击 将 p▼ 设定为 0	
输入	询问 请输入计算到分母的最大值？（例如：50000） 并等待 将 n▼ 设定为 回答	
处理	将 i▼ 设定为 1 重复执行直到 i > n 　将 p▼ 设定为 p + 1 / i 　将变量 i▼ 的值增加 4	正项和
	将 i▼ 设定为 3 重复执行直到 i > n 　将 p▼ 设定为 p - 1 / i 　将变量 i▼ 的值增加 4	负项和
输出 结束程序	将 pi▼ 设定为 p * 4 说 pi 2 秒 停止 全部▼	

（三）试一试

1. 测试程序

测试一下程序，回答下面的问题。

自己测试时发现的问题	请同学来体验、测试程序，他们给出的建议
_____ _____	_____ _____

2. 改进优化

在测试程序时，同学们又有一些新的想法。如果设置一个累乘器t=t*(-1)，即t=-t，那么就可以把原本需要分别进行加和减的两个循环段合并成一个循环，程序会变得更加简洁。（改进后以文件名"glgl_2.sb2"保存）

阅读程序，请说出它们的不同之处：

_____

_____

_____

_____

_____

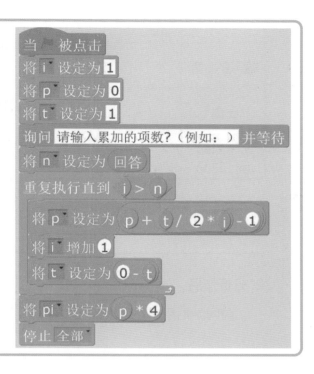

四、拓展

圆周率 π 的再探究

如左图所示，如果正方形的边长为1，那么四分之一圆的半径也是1。图形面积之比与随机点的个数之比成正比例关系，即：四分之一圆的面积/正方形的面积=红点个数（m）/所有点的个数（n），也就是 1/4*π*1*1 / 1*1 = m/n。

那么，只要在程序中利用随机数产生n个分布在0~1之间的随机点，设法统计出红点（即落在圆内的点）的个数m，利用上述公式，不就可以求得π的值吗？

1. 测试体验

打开Scratch程序文件（mtkl1.sb2），运行程序，并填写下面的表格。建议输入的n值小于5 000。

次数	1	2	3	4	5
输入的n值					
π 值					
程序大约运行时间					

运行程序后的思考：

_____

2. 分析作品

请同学们用自然语言描述程序的实现过程：

_____

怎样产生0~1之间的随机数？　在 ⬤ 到 ⬤ 间随机选一个数

在这两个空位应该分别填入_____ 和 _____

如果 x 取得一个随机数　将 x 设定为 在 ⬤ 到 ⬤ 间随机选一个数

y还要取得同样范围内的随机数，应该选用下面哪个指令？

☐ 将 y 设定为 x 　　　　☐ 将 y 设定为 在 ⬤ 到 ⬤ 间随机选一个数

请说明理由：_____

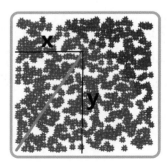

如左图所示，如何判断所产生的随机点是否落在圆内？

_____

_____　提示：勾股定理

86

3. 设计脚本

开始及 初始化	当 ▶ 被点击 清空 将 m▼ 设定为 **0** 询问 请输入N=？ 并等待 将 n▼ 设定为 回答
循环体 　（1）产生一个在边长为1的正方形内的随机点； 　（2）利用分支结构切换角色造型，并统计落在圆内随机点的个数； 　（3）在相应的位置画点。	将 x▼ 设定为 在 **1e-21** 到 **1** 间随机选一个数 将 y▼ 设定为 在 **1e-21** 到 **1** 间随机选一个数 移到 x: (x * **200** - **100**) y: (y * **200** - **100**) 图章 如果 (x * x + y * y) < **1** 那么 　将造型切换为 star3-b ▼ 　将变量 m ▼ 的值增加 **1** 否则 　将造型切换为 star3-b2 ▼
计数循环	重复执行 (n) 次
计算并显示	将 pi▼ 设定为 **4** * m / n

4. 测试程序

测试一下程序,并回答下面的问题。

自己测试时发现的问题	请同学来体验、测试程序,他们给出的建议

5. 改进优化

同学们都觉得要获得比较精确的 π 值,需要增加循环的次数,但程序运行的时间就会加长。如何才能解决这一问题?

有的同学想到Scratch是多任务的,可以用许多个这样的角色协同计算,但许多个是不确定性用词,与程序的确定性相违背!而建立200个同样的角色好像又不太合适,可以使用控制模块中的"克隆",如右图所示。

克隆就是创建出自己或其他角色的克隆体,甚至舞台也可以被克隆。克隆体会继承母体的所有属性,包括大小、位置等。

程序再创作,并以文件名"mtkl2.sb2"保存

6. 再设计脚本

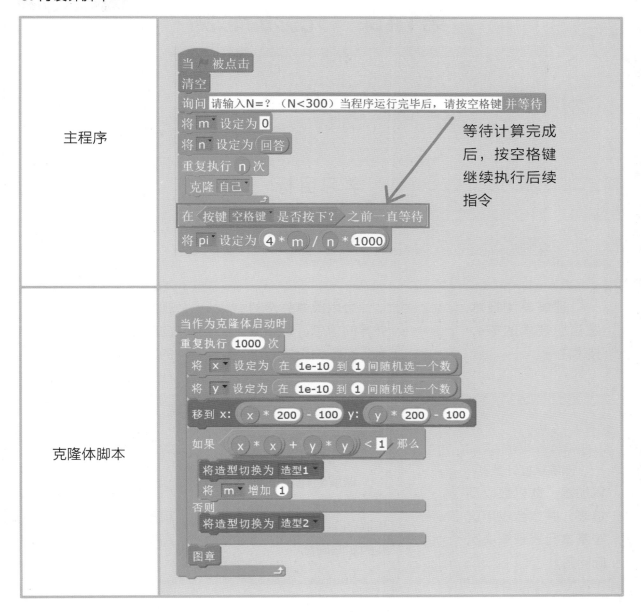

主程序	当 ▶ 被点击 清空 询问 请输入N=？（N<300）当程序运行完毕后，请按空格键 并等待 将 m 设定为 0 将 n 设定为 回答 重复执行 n 次 　克隆 自己 在 按键 空格键 是否按下？ 之前一直等待 将 pi 设定为 4 * m / n * 1000 等待计算完成后，按空格键继续执行后续指令
克隆体脚本	当作为克隆体启动时 重复执行 1000 次 　将 x 设定为 在 1e-10 到 1 间随机选一个数 　将 y 设定为 在 1e-10 到 1 间随机选一个数 　移到 x: x * 200 - 100 y: y * 200 - 100 　如果 x * x + y * y < 1 那么 　　将造型切换为 造型1 　　将 m 增加 1 　否则 　　将造型切换为 造型2 　图章

通过初步测试改进后的程序，其效率可以提高10倍左右。

说明：如果纯粹为了计算，而不利用图形输出，其计算速度会快更多。

7. 探究

除了可以用上述两种方法求得π值之外，请进一步探索其他途径。

从右图可以获得的启示是 _____

根据图示，自己编程求四分之一圆的面积，从而获得π值。尝试利用Scratch绘制如右图所示的图形。

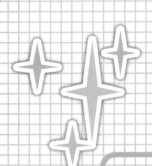

第14课　光影的感测

学习目标

1

理解感测技术是信息技术的核心技术之一。

2

会用摄像头感测外界的信息,掌握摄像头的基本操作。

3

通过实验来区分视频检测的动作与方向的差异,选择合理的方式运用于程序设计。

6

熟练掌握计数器、累加器、随机数以及链表,并综合应用这些基本元素来解决实际问题。

5

理解对角色的再创作(如角色的分割与联动),解决较复杂的实际问题。

4

巩固掌握合理应用角色的克隆体以提高程序的效率。

7

发扬不断进取、合理探索的精神,从而提高自身的综合素养。

一、创设活动情境

二、想象与分析

1. 测试体验

打开Scratch程序文件（吃水果01.sb2），如右图所示。

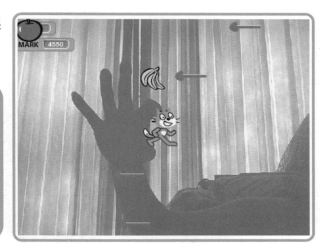

大家看到右面的这张图，可能猜到这会是一个利用电脑摄像头对光影的感测来进行互动的程序。游戏者通过两个手指让小猫上下移动，在尽量躲避射来的箭的同时吃到更多的水果。

运行程序，将同学所获得的分数填入下面的表格。

次数	1	2	3	4	5
A同学所获得的分数					
B同学所获得的分数					

运行程序后的思考：

_____

2. 分析作品

（1）请同学们用自然语言描述程序的实现过程：

_____

（2）想一想：在游戏中可能会同时出现许多个相同的角色（如游戏中的各种水果和箭头），那么在程序设计时，是先编排好一定数量的相同角色并编制好相应的程序？还是只要对每个相同的角色设置一个母体，利用其克隆体出现在游戏中？（请从编程的便利和程序的维护这两个角度进行考虑）

三、创作与调试

（一）学一学

侦测模块：摄像头的使用

（1）开启摄像头。

在 侦测 模块中选择 将摄像头 开启 ，有时可以根据与摄像头的位置关系选择"左右反转模式"，如右图所示。

将摄像头 开启 ▼
关闭
开启
以左右翻转模式开启

（2）设置适合的视频透明度。

视频透明度为90%，
摄像的影像较淡

视频透明度为10%，
背景基本看不清

（3）动作与方向。

视频侦测 动作 ▼ 在 角色 ▼ 上

在角色上所感知到的动作变化度，最大值是100。

视频侦测 方向 ▼ 在 角色 ▼ 上

在角色上所感知到的动作自左而右或自下而上，则为正整数，且与速度正相关；否则就相反。由于受外界光影的干扰较大，"视频侦测动作"相对比较实用。

（二）做一做

1. 实验探究

运行Scratch程序文件（光影实验1.sb2）。通过摄像头对猫和小球挥手，观察猫和小球的运动。

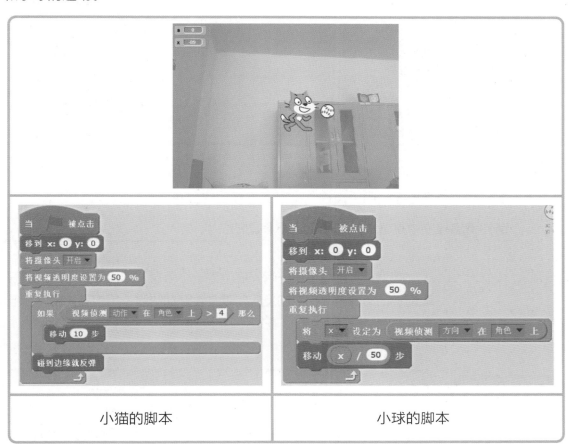

小猫的脚本	小球的脚本

实验告诉我们：小球用"方向"来控制，对其操作不够稳定；小猫受"动作"控制，操控相对较为稳定。那么，如果想要控制小猫可以上下左右地自由行走，可以采取哪些策略？

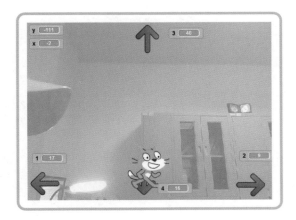

思考一下，你会怎样来编写这个程序？

参考部分角色脚本，上机完善Scratch程序文件（光影实验2.sb2）。

小猫的脚本	向右角色的脚本
当 ▢ 被点击 重复执行 　如果　视频侦测 动作▼ 在 角色▼ 上 > 8 那么 　　将 2▼ 设定为 视频侦测 动作▼ 在 角色▼ 上 　　将变量 x▼ 的值增加 1	当 ▢ 被点击 将摄像头 开启▼ 将视频透明度设置为 50 % 将 y▼ 设定为 0 将 x▼ 设定为 0 移到 x: x y: y 重复执行 　移到 x: x y: y

2. 设计脚本

　　现在我们再来思考，用手指控制小猫上下移动的游戏。

　　请你猜想程序中是怎样控制小猫上下移动的。_____

因为一个角色在某一瞬间感测到一个信息，如果希望它能同时获取两种信息并做出相应的反应，就需要开动脑筋，想想看如果将小猫这一角色"一分为二"，在运行时让它们联动，是不是很有意思？

脚本分解

舞台脚本

◆ 初始化各角色纵坐标的5个位置	当 ▢ 被点击 替换位置: 1▼ 链表: yy▼ 内容: -160 替换位置: 2▼ 链表: yy▼ 内容: -80 替换位置: 3▼ 链表: yy▼ 内容: 0 替换位置: 4▼ 链表: yy▼ 内容: 80 替换位置: 5▼ 链表: yy▼ 内容: 160
◆ 程序初始化 ◆ 用变量MARK统计游戏分数 ◆ 变量life为游戏生命值	当 ▢ 被点击 将背景切换为 背景1▼ 计时器归零 将 life▼ 设定为 3 将 MARK▼ 设定为 0
◆ 利用计时器及变量life控制程序结束	重复执行直到 计时器 > 300 　如果 life < 1 那么 　　将背景切换为 背景2▼ 　　停止 全部▼ 停止 全部▼

<table>
<tr>
<td rowspan="2">小
猫
的
上
半
身
脚
本</td>
<td>
◆ 开启并设置视频
◆ 初始化角色位置
◆ 不断探测视频的动作变化，一旦获
得相应信息，用广播传递信息
</td>
<td>
当 ▇ 被点击
移到 x: ⓪ y: ⓪
将摄像头 开启 ▾
将视频透明度设置为 ⑤⓪ %
将 y ▾ 设定为 ⓪
将 x ▾ 设定为 ⓪
重复执行
  如果 视频侦测 动作 ▾ 在 角色 ▾ 上 > ④ 那么
    广播 xia ▾
</td>
</tr>
<tr>
<td>
◆ 利用收到的信息，与小猫的下半部
分联动
</td>
<td>
当接收到 shang ▾   当接收到 xia ▾
将变量 y ▾ 的值增加 ⑤   将变量 y ▾ 的值增加 -⑤
移到 x: x y: y   移到 x: x y: y
</td>
</tr>
</table>

小猫的下半部分脚本（略）

要点说明：将小猫角色切分为上下两个角色使其联动，使用广播的方式调用程序，以提高两个角色联动的同步

<table>
<tr>
<td rowspan="2">水
果
脚
本
（
得
分
）</td>
<td>
◆ 不断地克隆自己
◆ 改变随机数的设计，可设定游戏的
难易度
</td>
<td>
当 ▇ 被点击
重复执行
  等待 在 ⓪.⑤ 到 ⑥ 间随机选一个数 秒
  克隆 自己 ▾
</td>
</tr>
<tr>
<td>
◆ 让克隆体出现在游戏中
◆ "x3"为克隆体横坐标的初始值
◆ "n3"为下标值
◆ "s3"为克隆体的移动速度
◆ 根据下标确定克隆体的纵坐标
从右向左不断移动，直到屏幕的最
右边；在这一过程中，如果被小猫
碰到，则进行计分
◆ 隐藏并删除本克隆体，以释放程序
运行空间
    注意：同时运行的克隆体总数
不超过300个
</td>
<td>
当作为克隆体启动时
将 x3 ▾ 设定为 ②④⓪
将 n3 ▾ 设定为 在 ① 到 ⑤ 间随机选一个数
将 s3 ▾ 设定为 在 ① 到 ⑤ 间随机选一个数
移到 x: x3 y: item n3 of yy ▾
显示
重复执行直到 x坐标 ▾ of Sprite3 ▾ < -②④⓪
  将x坐标增加 ⓪ - s3
  如果 碰到 Sprite2 ▾ ? 或 碰到 Sprite1 ▾ ? 那么
    将变量 MARK ▾ 的值增加 ⑤⓪
    隐藏
    删除本克隆体
隐藏
删除本克隆体
</td>
</tr>
</table>

其他角色的脚本（略）

（三）试一试

1. 测试程序

请打开Scratch程序文件（吃水果01.sb2），完善并测试程序。以原文件名"吃水果01.sb2"保存。

请记录在测试程序中所遇到的问题：

_____

所采取的解决方法：

_____

2. 改进优化

考虑到目前还有部分计算机没有配置摄像头，请将程序修改为键盘版等其他版本。

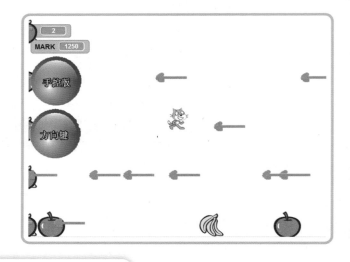

四、拓展

看到上面这张图片，我们都会有玩架子鼓的冲动。

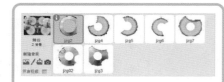

通过进一步观察舞台和各个角色，结合我们以前学过的知识，相信你一定会知道如何在Scratch中敲打架子鼓。打开Scratch程序文件（架子鼓.sb2），完成你的创意设计，并以文件名"架子鼓01.sb2"保存。

附录 Scratch 创意编程科目内容及架构

活动名称	学习目标	建议课时
活动 1 Scratch 初体验	（1）了解 Scratch 软件及程序界面； （2）尝试使用 Scratch 制作第一个作品，了解 Scratch 编程的特点； （3）理解创建和编辑角色的方法。	1
活动 2 炫动风车	（1）合理运用绘图编辑器绘制角色； （2）应用外观模块中的特效指令设置角色的旋转、变形等效果； （3）尝试 Scratch 循环控制指令的使用方法； （4）通过对程序的逐步优化，逐步发展观察问题和解决问题的能力。	1
活动 3 电动门	（1）掌握使用"将背景切换为……"、"下一个背景"等指令来切换舞台场景； （2）理解使用侦测模块中"按键……是否按下"等指令作为判断条件； （3）合理运用控制模块中"如果……那么……"、"等待……秒"来控制角色； （4）理解并使用"重复执行"、"重复执行……次"等指令来实现循环结构； （5）使用思维导图来作为活动项目的图像式思考辅助工具； （6）通过程序的优化和改进，能够发现问题、分析问题，并能够解决简单的问题。	1
活动 4 猫咪铃儿响叮当	（1）识别声音模块中各项指令，选择合适的声音指令，实现各种乐器及音符的设置； （2）通过音乐的欣赏，发现声音模块设计音乐的原理，从而能够组织声音指令来尝试创作自己喜欢的音乐； （3）初步体验"广播……"与"当接收到……"来广播消息、接收消息，并启动相应的脚本； （4）通过把编程与艺术有机结合，提升跨学科解决问题的能力； （5）感受 scratch 的魅力和艺术性，激发探索兴趣，体会音乐创作的乐趣。	1
活动 5 灭火机器人	（1）掌握变量的基本操作：新建变量与设置变量。 （2）设置变量的显示与隐藏，巩固角色的显示、隐藏以及造型的切换； （3）理解随机数的含义，学会设置和选择恰当范围内的随机数。	1
活动 6 猜数字	（1）巩固掌握变量、判断指令、数字及逻辑运算等的使用方法； （2）能够使用自然语言写出设计游戏的过程，并能将它转换成 Scratch 程序脚本； （3）通过流程图分析，理清游戏的实现过程，提高分析问题、解决问题的能力； （4）通过测试游戏发现问题，了解创作过程是迭代和渐进的，增强重视调试改进作品的意识； （5）了解"二分法"的算法思想，提升初步计算思维能力。	1
活动 7 趣味抽奖	（1）巩固掌握随机数的选取，并运用它随机切换造型； （2）深入理解广播的作用，能够使用广播合理调度各脚本有序地执行； （3）合理使用计时器，使程序更加丰富、精彩； （4）理解分支结构的作用，学会使用单分支结构，探究和尝试多分支结构的使用。	1

活动名称	学习目标	建议课时
活动 8 火箭发射	（1）巩固掌握 Scratch 创建多造型角色； （2）掌握 Scratch 对角色的多种外观控制的方法，合理增强页面效果； （3）尝试使用 Scratch 的克隆功能； （4）合理运用 Scratch 的随机数，制作角色的动态效果； （5）体验 Scratch 循环控制命令的不同使用方法，正确选择适合的循环控制命令。	1
活动 9 垃圾分类	（1）领会感测技术在信息技术中的重要地位，进一步使用各种侦测指令； （2）理解变量的初始化在基本算法中的作用，可以区分累加器和计数器的用法； （3）使用角色与背景的切换提示不同的含义,合理运用广播推进程序的进程； （4）应用文本角色的造型切换以展示巨幅文本的效果； （5）通过创作环保主题的科艺程序,逐步形成绿色环保的可持续化发展理念。	1
活动 10 定时浇花	（1）巩固掌握侦测模块里相呼应的"询问……并等待"和"回答"指令，实现程序的输入功能； （2）巩固理解计时器初始化和计时器归零,进一步应用侦测模块中的计时器； （3）初步熟悉画笔模块，学会使用抬笔、落笔，尝试设置笔的颜色、清空笔迹等绘制轨迹； （4）通过活动的实践，学生更加亲近自然，珍惜生命，热爱我们的地球。	1
活动 11 试试手测测速	（1）巩固理解和使用变量及表达式； （2）知道链表的含义，能理解变量和链表的关联，可以区分它们不同的作用； （3）掌握链表基本操作，并逐步应用链表解决实际问题； （4）知道顺序查找，并能对找到的链表元素进行相应的操作； （5）熟练应用计数器、累加器以及求最大值、最小值，会对数据进行四舍五入； （6）优化程序脚本以提高程序执行效率，发展分析问题、解决问题的能力。	2
活动 12 喵喵问不倒	（1）复习巩固变量、链表及判断指令的使用方法； （2）进一步通过思维导图分析，理清游戏的实现过程，提高分析问题、解决问题的能力； （3）通过测试游戏来发现问题，了解创作过程是迭代和渐进的，增强调试改进作品的意识。	1
活动 13 π 的探索	（1）将 Scratch 编程与数学等其他学科融合，使计算机成为我们学习的有效工具； （2）进一步巩固应用三种循环方式来编写程序； （3）通过用 Leibniz 定理求 π，对计数、累加、累乘的认识更加深刻； （4）熟悉"图章"的使用； （5）巩固理解克隆的作用，知道如何将它运用于程序设计，优化算法，从而得以提高程序的运行效率。	2
活动 14 光影的感测	（1）理解感测技术是信息技术的核心技术之一； （2）会用摄像头感测外界的信息，掌握摄像头的基本操作； （3）通过实验来区分视频检测的动作与方向的差异，选择合理的方式运用于程序设计； （4）巩固掌握合理应用角色的克隆体以提高程序的效率； （5）理解对角色的再创作（如角色的分割与联动），解决较复杂的实际问题； （6）熟练掌握计数器、累加器、随机数以及链表，并综合应用这些基本元素来解决实际问题； （7）发扬不断进取、合理探索的精神，提高自身的综合素养。	2

参考文献

［1］李锋，王吉庆．计算思维：信息技术课程的一种内在价值［J］．中国电化教育，2013，(8)：19–23．

［2］Resnick M., Maloney J., Monroy-Hernandez A., Rusk N., Eastmond E., Brennan K., Millner A., Rosenbaum E., Silver J., Silverman B., Kafai Y.. Scratch: Programming for All ［DB/OL］．

［3］Jonassen D., Henning P.. Mental Models: Knowledge in the Head and Knowledge in the World ［J］. *Educational Technology*, 1999, 39(5-6) : 37–41.

［4］Baduaa F.. The ROOT and STEM of a Fruitful Business Education ［J］. *Journal of Education for Business*, 2015, (1):50–55.

［5］Josch L., Thomas D.. The High School Environment and the Gender Gap in Science and Engineering ［J］. *Sociology of Education*, 2014, (4): 259–280.

图书在版编目(CIP)数据

STEAM之创意编程思维　Scratch精英版/居晓波等著.—上海:复旦大学出版社,2017.4
(天才密码STEAM之创意编程思维系列丛书)
ISBN 978-7-309-12845-1

Ⅰ.S…　Ⅱ.居…　Ⅲ.程序设计　Ⅳ.TP311.1

中国版本图书馆CIP数据核字(2017)第038209号

STEAM之创意编程思维　Scratch精英版
居晓波　等著
责任编辑/梁　玲

复旦大学出版社有限公司出版发行
上海市国权路579号　　邮编:200433
网址:fupnet@fudanpress.com　http://www.fudanpress.com
门市零售:86-21-65642857　　团体订购:86-21-65118853
外埠邮购:86-21-65109143　　出版部电话:86-21-65642845
常熟市华顺印刷有限公司

开本890×1240　1/16　印张6.75　字数114千
2017年4月第1版第1次印刷

ISBN 978-7-309-12845-1/T·597
定价:32.00元